机械产品数字化设计

主　编　杨海峰　孟婷婷

副主编　姜东全　樊　昱　许光驰

参　编　董礼涛

主　审　邵东伟

北京理工大学出版社

BEIJING INSTITUTE OF TECHNOLOGY PRESS

内 容 提 要

本书是一本依据教育部《高等职业学校专业教学标准：装备制造大类Ⅰ》及《高职高专教育 CAD/CAM 教学基本要求》，基于传统的"CAD/CAM 技术应用"课程改革的需要，为培养学生职业能力和创新思维，结合"产品的三维造型设计"课程改革实践成果，在总结高职教育教学经验的基础上编写的高职特色教材。全书以机械制造典型零件为载体，涉及零件的造型设计、零件的装配、零件工程图等方面，共设四个学习情境，主要内容包括实体建模设计、曲面建模设计、三维装配设计、工程图设计等内容。

本书可作为机械制造与自动化、机电一体化、模具设计与制造、数控技术等专业的高职教材，也可作为成人教育和继续教育的教材，还可供其他相关专业的师生和工程技术人员参考。

图书在版编目（CIP）数据

机械产品数字化设计 / 杨海峰，孟婷婷主编 .
北京：北京理工大学出版社，2025.2.
ISBN 978-7-5763-5106-4

Ⅰ. TH122

中国国家版本馆 CIP 数据核字第 20252Z50A9 号

责任编辑：张 瑾   文案编辑：张 瑾
责任校对：周瑞红   责任印制：李志强

出版发行 / 北京理工大学出版社有限责任公司

社   址 / 北京市丰台区四合庄路 6 号

邮   编 / 100070

电   话 / （010）68914026（教材售后服务热线）
　　　　　　（010）63726648（课件资源服务热线）

网   址 / http://www.bitpress.com.cn

版 印 次 / 2025 年 2 月第 1 版第 1 次印刷

印   刷 / 河北鑫彩博图印刷有限公司

开   本 / 787 mm × 1092 mm   1/16

印   张 / 18.5

字   数 / 404 千字

定   价 / 89.80 元

编写说明

中国特色高水平高职学校和专业建设计划（简称"双高计划"）是我国教育部、财政部为建设一批引领改革、支撑发展、中国特色、世界水平的高等职业学校和骨干专业（群）的重大决策建设工程。哈尔滨职业技术大学（原哈尔滨职业技术学院）入选"双高计划"建设单位，学校对中国特色高水平学校建设项目进行顶层设计，编制了站位高端、理念领先的建设方案和任务书，并扎实地开展人才培养高地、特色专业群、高水平师资队伍与校企合作等项目建设，借鉴国际先进的教育教学理念，开发中国特色、国际标准的专业标准与规范，深入推动"三教改革"，组建模块化教学创新团队，实施"课程思政"，开展"课堂革命"，出版校企双元开发活页式、工作手册式、新形态的教材。为适应智能时代先进教学手段应用，学校加大优质在线资源的建设，丰富教材的载体，为开发以工作过程为导向的优质特色教材奠定基础。按照教育部印发的《职业院校教材管理办法》要求，教材编写总体思路是：依据学校双高建设方案中教材建设规划、国家相关专业教学标准、专业相关职业标准及职业技能等级标准，服务学生成长成才和就业创业，以立德树人为根本任务，融入课程思政，对接相关产业发展需求，将企业应用的新技术、新工艺和新规范融入教材之中。教材编写遵循技术技能人才成长规律和学生认知特点，适应相关专业人才培养模式创新和优化课程体系的需要，注重以真实生产项目、典型工作任务、生产流程及典型工作案例等为载体开发教材内容体系，理论与实践有机融合，满足"做中学、做中教"的需要。

本系列教材是哈尔滨职业技术大学中国特色高水平高职学校项目建设的重要成果之一，也是哈尔滨职业技术大学教材改革和教法改革成效的集中体现。教材体例新颖，具有以下特色：

第一，教材研发团队组建创新。按照学校教材建设统一要求，遴选教学经验丰富、课程改革成效突出的专业教师担任主编，邀请相关企业作为联合建设单位，形成了一支学校、行业、企业和教育领域高水平专业人才参与的开发团队，共同参与教材编写。

第二，教材内容整体构建创新。精准对接国家专业教学标准、职业标准、职业技能等级标准，确定教材内容体系，参照行业企业标准，有机融入新技术、新工艺、新规范，构建基于职业岗位工作需要的体现真实工作任务、流程的内容体系。

第三，教材编写模式形式创新。与课程改革相配套，按照"工作过程系统化""项目＋任务式""任务驱动式""CDIO式"四类课程改革需要设计四种教材编写模式，创新新形态、活页式或工作手册式教材三种编写形式。

第四，教材编写实施载体创新。依据专业教学标准和人才培养方案要求，在深入企业调研岗位工作任务和职业能力分析基础上，按照"做中学、做中教"的编写思路，以企业典型工作任务为载体进行教学内容设计，将企业真实工作任务、真实业务流程、真实生产过程纳入教材之中，并开发了与教学内容配套的教学资源，以满足教师线上线下混合式教学的需要。本套教材配套资源同时在相关平台上线，可随时下载相应资源，也可满足学生在线自主学习的需要。

第五，教材评价体系构建创新。从培养学生良好的职业道德、综合职业能力、创新创业能力出发，设计并构建评价体系，注重过程考核和学生、教师、企业、行业、社会参与的多元评价，在学生技能评价上借助社会评价组织的"1+X"考核评价标准和成绩认定结果进行学分认定，每部教材根据专业特点设计了综合评价标准。为确保教材质量，哈尔滨职业技术大学组建了中国特色高水平高职学校项目建设成果编审委员会。教材编审委员会由职业教育专家组成，同时聘用企业技术专家指导。学校组织了专业与课程专题研究组，对教材编写持续进行培训、指导、回访等跟踪服务，有常态化质量监控机制，能够为修订完善教材提供稳定支持，确保教材的质量。

本系列教材是在国家骨干高职院校教材开发的基础上，经过几轮修改，融入课程思政内容和课堂革命理念，既具教学积累之深厚，又具教学改革之创新，凝聚了校企合作编写团队的集体智慧。本套教材充分展示了课程改革成果，力争为更好地推进中国特色高水平高职学校和专业建设及课程改革做出积极贡献！

哈尔滨职业技术大学
中国特色高水平高职学校项目建设成果系列教材编审委员会
2025 年 6 月

前　言

近年来，随着高职教育的快速发展，高等职业教育教学改革的不断深入，高职教育的课程改革也在不断深入进行，并积累了一定的经验，取得了一定的成果。各高职院校的一线教育工作者一直在不断探索适应高职课程改革的新型教材。基于传统的"产品的三维造型设计与加工"课程改革的需要，为培养学生职业能力和创新思维，本书编者结合课程改革实践成果，在总结高职教育教学经验的基础上，编写了这本具有鲜明高职教育特色的教材。

本书具有如下特色。

1. 教材编写突出信息化

整合教材资源，制作动画、微课、视频、图片等资源，将资源上网，学生可利用手机扫描书中的二维码，开展学习。

2. 校企合作按照工作项目构建教材体系

将专业知识的内容按照零件造型设计、零件装配、工程图等生成工作过程，使教材内容更具有职业教育特色。以机械行业典型零件为载体，确定以下几个工作项目：实体建模设计、曲面建模设计、三维装配设计、工程图设计。按学习情境确定教材单元题目，这一过程由经验丰富的一线教师和企业专家共同完成。

3. 教材编写体现工匠人才培养精神

教材编写过程体现工匠人才培养精神，培养学生的职业素养。

4. 教材编写内容紧贴高职学生技能大赛赛项

教材编写内容围绕高职技能大赛，围绕机电产品识图、造型设计、后处理等内容展开，培养训练学生的大赛技能，为以后参赛打好基础。

5. 适应面宽，适用性强

考虑到高职高专多层次教学的需要，本书在编写过程中尽力做到知识面和内容深度兼顾，使其有较广的适应性。本书在编写中采用了最新的国家标准，力求体现学科与技术的发展。

本书由哈尔滨职业技术大学杨海峰和湖南汽车工程职业大学孟婷婷担任主编。编写分工如下：哈尔滨职业技术大学杨海峰负责学习情境一，湖南汽车工程职业大学孟婷婷负责学习情境二，哈尔滨职业技术大学姜东全负责学习情境三任务一，黑龙江农业工程职业学院许光驰负责学习情境三任务二，湖南汽车工程职业大学樊昱负责学习情境四，"大国工匠年度人物"哈尔滨汽轮机厂有限责任公司董礼涛编写"素质拓展"部分。全书由杨海峰统稿。佳木斯大学邵东伟教授负责主审。

本书在编写过程中，与有关企业和兄弟院校进行合作，得到了企业专家、专业技术人员和兄弟院校的大力支持，东风柳州汽车有限公司许恩永、广东精美特种型材有限公司向磊等对教材提出了许多宝贵意见和建议，在此特向上述人员表示衷心感谢。

由于实践教学改革是一项探索发展的过程，加之编者水平有限，书中不妥之处在所难免，恳请广大读者提出宝贵意见（意见和建议请发至：yanghaifeng225@163.com）。

编　者

目 录

学习情境
一

实体建模设计

学习指南

⚙ 情境导入

　　某机械零件设计生产公司的设计研发部接到三项生产任务，在设计过程中研发设计人员需要根据零件图纸，使用软件造型命令，完成"手动气阀的实体建模设计""虎钳的实体建模设计""千斤顶的实体建模设计"等零件的实体造型设计，设计后的零件达到图纸要求的精度等要求。

⚙ 学习目标

知识目标

1. 了解 UG NX 10.0 实体建模模块的功能。

2. 学会使用基本体素体特征建模中的圆柱体、长方体、圆锥体、球体等特征的创建，掌握布尔运算的方法，通过对实体进行布尔"交""差""和"的运算，从而构建新的实体。

3. 学会使用成形特征中的拉伸、回转、扫掠、孔、凸台、腔体、垫块、键槽、坡口焊等。

4. 学会使用特征操作中的边倒圆、面倒圆、倒斜角、修剪体、螺纹创建、镜像特征、阵列特征。

5. 学会使用草图绘制中的直线、圆弧、圆命令绘制截面草图；学会使用曲线绘制功能完成直线、圆、六边形、螺旋线等图形绘制，并正确使用基准特征完成基准平面、基准轴创建。

能力目标

1. 能够运用特征指令进行产品三维建模设计。

2. 能够设计三视图完成零件的实体造型设计。

3. 能够根据机械制图国家标准，读懂零件图纸，分析零件的设计要求。

4. 能够使用 UG 软件，运用绘图方法和技巧，绘制符合机械制图国家标准的零件图。

素质目标

1. 树立成本意识、质量意识、创新意识，养成勇于担当、团队合作的职业素养。

2. 初步养成工匠精神、劳动精神、劳模精神，以劳树德，以劳增智，以劳创新。

❀ 工作任务

任务一　手动气阀的实体建模设计　　参考学时：4 学时（课外 4 学时）

任务二　虎钳的实体造型设计　　　　参考学时：4 学时（课外 4 学时）

任务一　手动气阀的实体建模设计

手动气阀的实
体建模设计

学习情境一	实体建模设计	任务一	手动气阀的实体建模设计
任务学时		4 学时（课外 4 学时）	
布置任务			
任务目标	1. 根据手动气阀零件的结构特点，选择合理的软件命令完成实体造型设计。 2. 根据手动气阀零件的设计要求，拟定手动气阀零件的设计过程。 3. 使用 UG 软件，完成手动气阀零件相关命令的使用。 4. 使用 UG 软件，完成手动气阀零件实体造型设计		
任务描述	手动气阀是汽车上使用的一种压缩空气开关机构。手动气阀的工作原理：当通过手柄球 1 和芯杆 4 将气阀杆 2 拉到最上位置时，储气筒与工作气缸接通。当气阀杆推到最下位置时，工作气缸与储气筒的通道被关闭，此时工作气缸通过气阀杆中心的孔道与大气接通。气阀杆与阀体孔 5 是间隙配合，装有 O 形密封圈 3，以防止压缩空气泄漏。螺母 6 是用来固定手动气阀位置的。如图 1-1-1 所示为手动气阀的剖面图和效果图。 　　每组分别使用 UG 软件完成手动气阀的实体造型设计，各小组应了解如下具体内容： 1. 了解手动气阀的工作原理。 2. 了解手动气阀由 6 种共 9 个零件组成，其中密封圈 4 个，其他均为单件		

学习情境一	实体建模设计	任务一	手动气阀的实体建模设计
任务学时		4 学时（课外 4 学时）	
布置任务			

任务描述

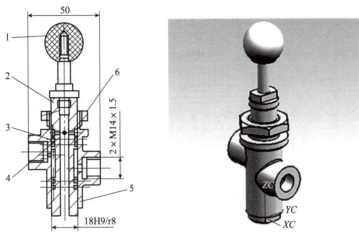

图 1-1-1　手动气阀的剖面图和效果图

1—手柄球；2—气阀杆；3—O 形密封圈；4—芯杆；5—阀体孔；6—螺母

3. 掌握手柄球（图 1-1-2）、密封圈（图 1-1-3）、芯杆（图 1-1-4）、气阀杆（图 1-1-5）、阀体（图 1-1-6）、螺母（图 1-1-7）的实体造型设计过程。

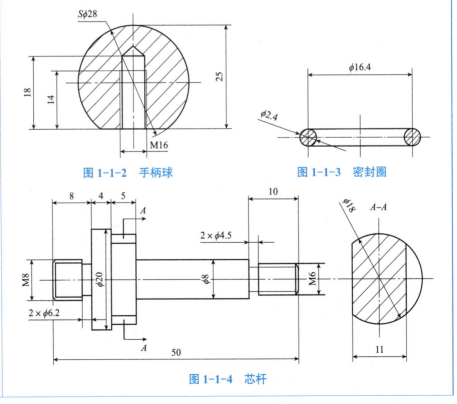

图 1-1-2　手柄球　　　　　　　图 1-1-3　密封圈

图 1-1-4　芯杆

学习情境一	实体建模设计	任务一	手动气阀的实体建模设计
任务学时		4 学时（课外 4 学时）	

布置任务

任务描述

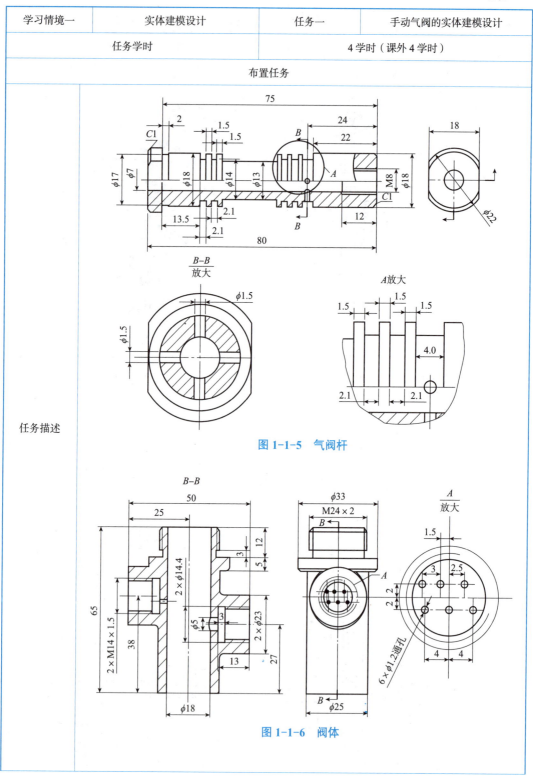

图 1-1-5　气阀杆

图 1-1-6　阀体

学习情境一	实体建模设计	任务一	手动气阀的实体建模设计
任务学时		4学时（课外4学时）	
布置任务			

任务描述

图 1-1-7　螺母

通过手动气阀的实体建模设计，完成以下具体任务：

1. 了解 UG 软件的基本环境和基础知识，掌握草图曲线创建、草图的基本操作，能够熟练地使用草图约束，学会使用点、点集，能够熟练进行曲线的创建和操作，并能对曲线完成编辑，学会使用基准特征、基本体素体特征，学会使用扫描特征、设计特征和常用特征的编辑。

2. 通过学会以上特征操作和编辑，完成手柄球、密封圈、芯杆、气阀杆、阀体、螺母的实体造型设计

学时安排	资讯 1学时	计划 0.5学时	决策 0.5学时	实施 1学时	检查 0.5学时	评价 0.5学时

提供资源

1. 手动气阀各零件图纸。

2. 电子教案、课程标准、多媒体课件、教学演示视频及其他共享数字资源。

3. 手动气阀零件模型。

4. 游标卡尺等工具和量具

对学生学习及成果的要求

1. 学生具备轮毂凸模零件零件图的识读能力。

2. 严格遵守实训基地各项管理规章制度。

3. 对比手动气阀零件三维模型与零件图，分析结构是否正确，尺寸是否准确。

4. 每位同学均能按照学习导图自主学习，并完成课前自学的问题训练和自学自测。

5. 严格遵守课堂纪律，学习态度认真、端正，能够正确评价自己和同学在本任务中的素质表现。

6. 每位同学必须积极参与小组工作，承担零件设计过程、零件校验等工作，做到能够积极主动不推诿，能够与小组成员合作完成工作任务。

7. 每位同学均须独立或在小组同学的帮助下完成任务工作单、加工工艺文件等内容。

8. 根据提供的手动气阀各零件图纸、零件设计视频等教学资源，请对照检查并确认签认，对有错误的地方及时修改。

9. 每组必须完成任务工单，并提请教师进行小组评价，小组成员分享小组评价分数或等级。

10. 每位同学均完成任务反思，以小组为单位提交

任务一 手动气阀的实体建模设计

知识点
- 了解 UG NX 10.0 实体建模模块的功能
- 掌握基本体素体特征建模中的圆柱体、长方体、圆锥体、球体等特征的创建，掌握布尔运算的方法，通过对实体进行布尔"交""差""和"的运算，从而构建新的实体
- 掌握成形特征中的拉伸、回转、扫掠、孔、凸台、腔体、垫块、键槽、坡口焊等
- 掌握特征操作中的边倒圆、面倒圆、倒斜角、修剪体、螺纹创建、镜像特征、阵列特征
- 掌握草图绘制中的直线、圆弧、圆命令，能够运用曲线绘制功能完成直线、圆、六边形、螺旋线等图形绘制，并正确使用基准特征完成基准平面、基准轴创建

技能点
- 使用特征指令进行产品三维建模设计
- 设计三视图，完成零件的实体造型设计
- 能根据机械制图国家标准，读懂零件图纸，分析零件的设计要求
- 能使用 UG 软件，运用绘图方法和技巧，绘制符合机械制图国家标准的零件图

素质点
- 树立成本意识、质量意识、创新意识，养成勇于担当、团队合作的职业素养
- 初步养成工匠精神、劳动精神、劳模精神，以劳树德，以劳增智，以劳创新

一、二维草图设计

二维草图设计是创建许多特征的基础，如在创建拉伸、回转和扫描等特征时，都需要先绘制所建特征的剖面（截面）形状，其中，扫描特征还需要通过绘制草图以定义扫描轨迹。

1. 草图环境中的关键术语

（1）对象：二维草图中的任何几何元素（如直线、中心线、圆、圆弧、椭圆、样条曲线、点或坐标系等）。

（2）尺寸：对象的大小或对象间的位置。

（3）约束：定义对象几何关系或对象间的位置关系。约束定义后，其约束符号会出现在被约束的对象旁边，默认状态下，约束符号显示为蓝色。

（4）参照：草图中的辅助元素。

（5）过约束：两个或多个约束产生矛盾，一般约束符号显示红色。必须删掉一个不需要的约束或尺寸，以解决过约束。

2. 草图模式

UG NX 10.0 中的直接草图如图 1-1-8 所示。"直接草

图 1-1-8 直接草图

图"依然是在建模环境中进行草绘，而依次执行"菜单"→"插入"→"在任务环境中绘制草图"  命令可以进入草图环境并进行图形草绘，工具栏显示完整的草图工具栏，如图 1-1-9 所示。工具栏中包括"草图""曲线""约束"等面板，而且可以通过单击草图工具栏右下角下拉箭头，在下拉列表中勾选需要显示的相关命令，如图 1-1-10 所示，勾选"创建定位尺寸"，使其显示在"草图"工具栏中。

图 1-1-9 "在任务环境中绘制草图"工具栏

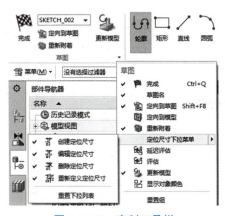

图 1-1-10 定制工具栏

3. 草图的创建与退出

用户要创建草图，必须先进入草图绘制模块，下面介绍几种进入草图的方式。

（1）通过工具栏。在"工具栏"中的"直接草图"面板中单击"草图"按钮，弹出"创建草图"对话框，用户可根据需要选择"在平面上"或"基于路径"放置草图的位置，如图 1-1-11（a）所示。在"在平面上"方式下"平面方法"有 4 种指定方式，即自动判断、现有平面、创建平面、创建基准坐标系，如图 1-1-11（b）所示。

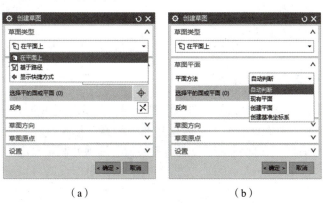

（a）　　　　　　　　　（b）

图 1-1-11 "创建草图"对话框

以选择"在平面上"进行新建草图为例，简述创建草图过程。

1）草图平面。在"草图平面"的"平面方法"下拉列表中，有"自动判断""现有平面""创建平面"和"创建基准坐标系"4个选项，默认的为"自动判断"，由系统自动判断草图平面。"现有平面""创建平面"和"创建基准坐标系"的应用如下：

①在"平面方法"下拉列表中选择"现有平面"选项后，用户可以选择以下现有平面作为草图平面：

a. 已经存在的基准平面。

b. 存在的实体平整表面。

c. 坐标平面，如 XC-YC 平面、YC-ZC 平面和 XC-ZC 平面。

②在"平面方法"下拉列表中选择"创建平面"选项时，用户可以在"指定平面"下拉列表中选择需要的创建平面方法，如图1-1-12所示。例如，在"指定平面"下拉列表框选择"XC-YC平面" 选项，在绘图区弹出"距离"对话框，输入一定距离后，按【Enter】键，如图1-1-13所示，即创建了一个以"XC-YC平面"为基准面，与"XC-YC平面"相距指定距离的新平面作为草绘平面。

图 1-1-12　创建平面选项

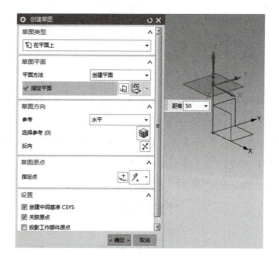

图 1-1-13　创建草图平面

③在"平面方法"下拉列表框中选择"创建基准坐标系"选项时，可以在"创建草图"对话框的"草图平面"选项组中单击"创建基准坐标系"按钮 ，弹出如图1-1-14所示的"基准CSYS"对话框，在此对话框中选择"类型"选项并制定相应的参照来创建一个基准CSYS，再单击"确定"按钮，返回"创建草图"对话框，此时可以选择平面来作为草图平面。

2）草图方向。在"创建草图"对话框中可以根据绘图情况更改草图方向，如图1-1-15所示，如果需要重新定向草图坐标轴方向，则可以双击相应的坐标轴。

图 1-1-14 "基准 CSYS" 对话框

图 1-1-15 定义草图方向

3）草图原点。在"创建草图"对话框中"草图原点"选项组可以定义草图原点，使用"点构造器"，也可以使用位于"点构造器"右侧下拉菜单的选项。

（2）选择草图。如果当前部件中已存在草图，进入草图模式后，在"草图生成器"工具栏的"草图名"下拉列表中会出现所有草图的名称。只要选择其中一个，所有草图将被激活，此时可以在该草图中进行相关的草图操作。另外，在建模模式下双击已有的草图也可将其激活。

（3）通过菜单栏。单击 UG NX 10.0 "菜单"，在下拉菜单中执行"插入"→"草图"命令或"在任务环境中绘制草图"命令，如图 1-1-16 所示，随即跳转到设置草图平面的界面。

（4）通过创建特征。如果用户要创建一个特征，如拉伸、切割等，在弹出的对话框中就可以选择绘制草图，通过单击相应的按钮，也可以创建草图。当完成草图绘制后，单击面板中"完成草图"按钮，即可退出草图环境，完成草图的绘制。

图 1-1-16 "草图"命令

4. 绘制草图曲线

（1）直线。在"直接草图"面板中单击"直线"按钮，或者在草图环境中，单击"曲线"工具栏中的"直线"按钮，会弹出"直线"对话框，输入模式有"坐标模式" XY 和"参数模式"两种。

1）"坐标模式" XY：可通过输入 XC 与 XY 的坐标值精确绘制，坐标值以工具坐标系（WCS）为参照，要在动态输入框的选项之间切换可按【Tab】键。可在文本框内输入值，然后按【Enter】键确定。

2）"参数模式"：单击该按钮，可以通过输入长度值和角度绘制直线。

（2）矩形。在"插入"下拉列表中执行"曲线"→"矩形"命令（或单击"矩形"按钮），在弹出的"矩形"对话框（图 1-1-17）中共有 3 种创建方式，分别为两点定位、三点定位、一个中心点和两角点定位。

1）按两点——选取两对角点创建矩形。

第一步：选择方法为"用 2 点"。

第二步：定义第一个角点。在绘图区某位置单击，放置第一个角点。

图 1-1-17 "矩形"对话框

第三步：定义第二个角点。单击 XY 按钮，再次在绘图区另一个位置单击，放置第二个角点。

第四步：单击鼠标中键（即鼠标滚轮），结束矩形的创建。

2）按三点——选取三个顶点创建矩形。

第一步：选择方法为"用3点"[icon]。

第二步：定义第一个顶点。在绘图区某位置单击，放置第一个顶点。

第三步：定义第二个顶点。单击 **XY** 按钮，再次在绘图区另一个位置单击，放置第二个顶点（第一个顶点和第二个顶点之间的距离为矩形的宽度）。此时矩形呈"橡皮筋"样变化。

第四步：定义第三个顶点。单击 **XY** 按钮，再次在绘图区另一个位置单击，放置第三个顶点（第一个顶点和第二个顶点之间的距离为矩形的高度）。

第五步：单击鼠标中键，结束矩形的创建。

3）从中心——通过选取中心点、一条边的中点和顶点创建矩形。

第一步：选择方法为"从中心"[icon]。

第二步：定义第一个顶点。在绘图区某位置单击，放置矩形中心点。

第三步：定义第二个顶点。单击 **XY** 按钮，再次在绘图区另一个位置单击，放置第二个点（一条边的中点）。此时矩形呈"橡皮筋"样变化。

第四步：定义第三个顶点。单击 **XY** 按钮，再次在绘图区另一个位置单击，放置第三个点。

第五步：单击鼠标中键，结束矩形的创建。

（3）圆。在"插入"下拉列表中执行"曲线"→"圆"命令（或单击"圆"按钮〇），弹出"圆"对话框，如图1-1-18所示，可以通过两种方式创建圆。

1）中心和半径——通过选择中心点和圆上一点创建圆。

第一步：选择方法为"圆心和直径"[icon]。

第二步：定义圆心。在"选择圆的中心点"的提示下，输入圆心坐标，或在末位置单击，放置圆的中心点。

第三步：定义圆的半径。在"在圆上选择一个点"的提示下，拖动鼠标光标至另一个位置，单击确定圆的大小，然后双击圆的直径或半径尺寸，更改尺寸大小。

第四步：单击鼠标中键，结束圆的创建。

2）通过三点——通过圆上三点创建圆。

第一步：打开UG软件，进入绘图界面。

第二步：选择"插入"菜单下的"曲线"子菜单，然后单击"圆"选项中的"通过三点的圆"。

第三步：依次选择圆上的三个点，可以通过鼠标单击或输入坐标的方式来确定点的位置。

第四步：选择完成后，UG软件会自动创建一个通过这三个点的圆。

需要注意的是，选择的三个点应尽量不在同一条直线上，否则无法创建出唯一的圆。同时，在选择点时要确保准确性，以得到所需的图形。

（4）圆弧。在"插入"下拉列表中执行"曲线"→"圆弧"命令（或单击"圆"按钮[icon]），弹出"圆弧"对话框，如图1-1-19所示，可以通过两种方式创建圆弧。

图1-1-18 "圆"对话框

图1-1-19 "圆弧"对话框

1）通过三点的圆弧——通过两个端点和弧上的一个附加点来创建圆弧。

第一步：选择方法为"三点定圆弧" 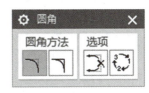。

第二步：定义圆心。在"选择圆弧的起点"的提示下，在绘图区任意位置单击，确定圆弧的起点。在"选择圆弧的终点"的提示下，在另一个位置单击，确定圆弧的终点。

第三步：定义附加点。在"在圆弧上选择一个点"的提示下，拖动鼠标光标至另一个位置，单击确定附加点。

第四步：单击鼠标中键，结束圆弧的创建。

2）用中心点和端点确定圆弧。

第一步：选择方法为"三点定圆弧"。

第二步：定义圆心。在"选择圆弧的中心点"的提示下，在绘图区任意位置单击，确定圆弧的中心点。

第三步：定义圆弧起点。在"选择圆弧的起点"的提示下，在绘图区任意位置单击，确定圆弧的起点。

第四步：定义圆弧终点。在"选择圆弧的终点"的提示下，在绘图区任意位置单击，确定圆弧的终点。

第五步：单击鼠标中键，结束圆弧的创建。

（5）圆角。在"插入"下拉列表中执行"曲线"→"圆角"命令（或单击"圆角"按钮），弹出"圆角"对话框，如图1-1-20所示，可以通过两种方式创建圆弧。

1）在"圆角方法"选项组中指定方法，有"修剪"和"取消修剪"两种方法。

2）选择图形对象放置圆角，在"半径"对话框中输入圆角半径值。

图1-1-20 "圆角"对话框

5. 阵列曲线

在草图任务环境中，单击"曲线"工具栏中的"阵列曲线"按钮，弹出"阵列曲线"对话框，如图1-1-21所示。在"阵列定义"选项组中的"布局"下拉列表中包含"线性""圆形"和"常规"三个选项。

（1）"线性"：沿一个或两个线性方向阵列。

（2）"圆形"：使用选择轴和可选的径向间距参数定义布局。

（3）"常规"：使用按一个或多个目标点或坐标系定义的位置来定义布局。

以圆形阵列为例说明：

第一步：在"曲线"工具栏中单击"阵列曲线"按钮，弹出"阵列曲线"对话框。

第二步：选择最初创建的五边形为阵列对象，在"阵列定义"选项组的"布局"下拉列表中选择"圆形"选项。

第三步：指定旋转中心点。在"旋转点"子选项组的"指定点"下拉列表中选择"自动判断点"选项，再单击绘图区中图形的坐标原点作为旋转中心点，如图1-1-22所示。

第四步：在"角度方向"子选项组中分别设置相应参数，如图1-1-23所示。再单击"确定"按钮，完成圆形阵列。阵列效果如图1-1-24所示。

图 1-1-21　"阵列曲线"对话框

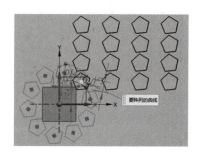

图 1-1-22　选择旋转中心点

图 1-1-23　参数设置

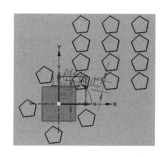

图 1-1-24　圆形阵列效果

6. 镜像曲线

镜像操作是将草图对象以一条直线为对称中心，将所选取的对象以这条对称中心为轴进行复制，生成新的草图对象，复制的对象与原对象形成一个整体，并且保持关联性。

第一步：在草图任务环境中，在草图平面创建如图 1-1-25 所示的矩形和直线。单击"曲线"工具栏中"镜像曲线"按钮，弹出"镜像曲线"对话框，如图 1-1-26 所示。

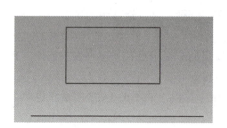

图 1-1-25　绘制图形

图 1-1-26　"镜像曲线"对话框

第二步：在"要镜像的曲线"的"选择曲线"中选择已经绘制好的矩形，在"中心线"选项组中单击"选择中心线"按钮，在绘图区选择镜像使用的中心线。

第三步：在"镜像曲线"对话框的"设置"选项组中勾选"中心线转换为参考"复选框，再单击"确定"按钮，最终镜像效果如图 1-1-27 所示。

7. 快速修剪

"快速修剪"命令用于以任意一个方向将曲线修剪到最近的交点或选定的边界，是常用的编辑工具命令，可以将草图中不需要的部分修剪掉。

在草图任务环境中，单击"曲线"工具栏中的"快速修剪"按钮，弹出如图 1-1-28 所示的"快速修剪"对话框。直接选择需要修剪的曲线，可以依次选择，也可以按住鼠标左键并拖动擦除要修剪的曲线。在需要定义修剪的边界曲线中，在"边界曲线"选项组中单击"选择曲线"按钮，选择修剪边界。

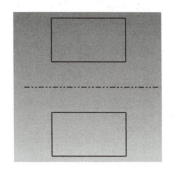

图 1-1-27 镜像效果

图 1-1-28 "快速修剪"对话框

二、草图几何约束

草图约束包括几何约束和尺寸约束。其中，几何约束一般用于定位草图对象和确定草图对象间的相互关系，如重合、平行、正交、共线、同心、竖直、相切、中点、等长、水平、等半径、点在曲线上等。在草图环境下，"约束"工具栏中包括图 1-1-29 所示的选项，其中添加注释的是与几何约束有关的工具按钮。

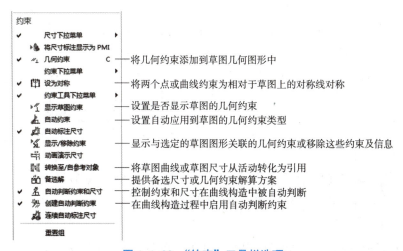

图 1-1-29 "约束"工具栏选项

1. 添加几何约束

在草图任务环境中，单击"约束"工具栏中的"几何约束"按钮 ⚲⊥ ，弹出如图1-1-30所示的"几何约束"对话框。在"约束"选项组中单击所需的几何约束按钮，然后选择要约束的几何图形，需要时单击"要约束到对象"按钮，并在绘图区选择要约束到的对象，再单击"关闭"按钮。如果在选择约束对象之前勾选"自动选择递进"复选框，则在选择要约束的对象后，系统自动切换到"选择要约束到的对象"状态，因此可直接在绘图区选择要约束到的对象。

例如，要将两条直线约束为垂直，那么单击"几何约束"按钮 ⚲⊥ ，在"几何约束"对话框的"约束"选项组中单击"垂直"按钮 ⎍ ，并勾选"自动选择递进"复选框，然后选择一条直线作为要约束的对象，再选择一条直线作为要约束到的对象，完成后单击"关闭"按钮，如图1-1-31所示。

图1-1-30 "几何约束"对话框

图1-1-31 垂直约束

2. 自动约束

单击"约束"工具栏中的"自动约束"按钮 ⛰ ，弹出"自动约束"对话框，其中各复选框用于控制自动创建约束的类型。在绘图区中选择要约束的草绘曲线，可以是一条也可以是多条。选择完成后，在"自动约束"对话框中单击"确定"按钮，程序会根据选择曲线的情况自动创建约束，如图1-1-32所示。

3. 备选解

当用户对一个草图对象进行约束操作时，同一个约束条件可能存在多种解决方法，采用"备选解"操作可从约束的一种解决方法转换为另一种解决方法。单击"草图约束"工具栏中的"备选解"按钮，弹出"备选解"对话框，如图1-1-33所示，程序提示用户选择操作对象，此时，可在绘图区中选择要进行替换操作的对象。选择对象后，所选对象直接转换为同一约束的另一种约束方式。用户还可以继续选择其他操作对象进行约束方式的转换。

三、草图尺寸约束

尺寸约束用于确定草图曲线的形状大小和放置位置，包括水平、垂直、平行、角度等9种标注方式。尺寸约束命令启动途径如图1-1-34所示。

1. 自动标注尺寸

在草图任务环境中，单击"约束"工具栏中的"自动标注尺寸"按钮 ⚲ ，弹出"自动标注

图 1-1-32　"自动约束"对话框

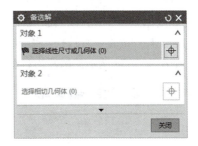

图 1-1-33　"备选解"对话框

尺寸"对话框，如图 1-1-35 所示。选择要标注尺寸的曲线，在"自动标注尺寸规则"选项组中设置自上而下的相关自动标注尺寸规则优先顺序，再单击"应用"或"确定"按钮，从而在所选曲线上按照设定的规则创建自动标注的尺寸。图 1-1-36 所示为创建图形完成后的自动标注的尺寸。

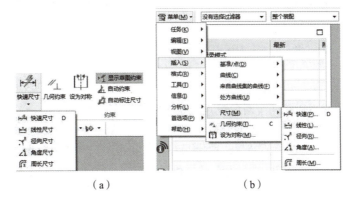

（a）　　　　　　　　　（b）

图 1-1-34　草图尺寸约束命令启动

图 1-1-35　"自动标注尺寸"对话框

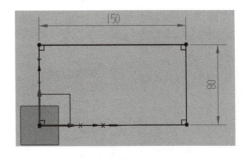

图 1-1-36　创建图形完成后的自动标注的尺寸

2. 快速尺寸

"快速尺寸"命令可以通过基于选定的对象和鼠标光标位置自动判断尺寸类型来创建尺寸约束。在"约束"工具栏中单击"快速尺寸"按钮 ，弹出"快速尺寸"对话框，如图1-1-37所示。在"测量"选项组"方法"下拉列表中可以选择所需的测量方法，一般尺寸的测量方法为"自动判断"。当测量方法为"自动判断"时，用户选择要标注的参考对象时，软件会根据选定对象和鼠标光标位置自动判断尺寸类型，再指定尺寸原点放置位置，也可以在"原点"选项组中勾选"自动放置"复选框。绘图区会弹出"尺寸表达式"对话框供用户随时修改当前的尺寸值，如图1-1-38所示的尺寸为自动判断测量方法创建。

图1-1-37 "快速尺寸"对话框

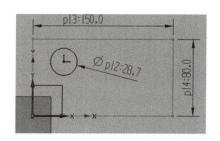

图1-1-38 创建尺寸标注

3. 线性尺寸

"线性尺寸"命令用于在两个对象或点位置之间创建线性距离约束。单击"约束"工具栏"尺寸"下拉列表中的"线性尺寸"按钮，弹出如图1-1-39所示的"线性尺寸"对话框。然后，指定测量方法，并设定相关参数，选择参考对象和指定尺寸原点放置位置。如图1-1-40所示，标注了水平尺寸、竖直尺寸、垂直尺寸和圆柱坐标系尺寸等线性尺寸，在圆柱坐标系尺寸中带有直径的前缀符号 ϕ。

图1-1-39 "线性尺寸"对话框

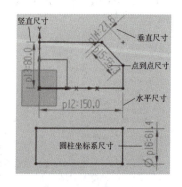

图1-1-40 线性尺寸标注

4.径向尺寸和角度尺寸

在"约束"工具栏"尺寸"下拉列表中单击"径向尺寸"按钮 ，弹出"半径尺寸"对话框，如图1-1-41所示。可根据测量对象选择测量方法为"直径"尺寸。

单击"角度尺寸"按钮 ，弹出"角度尺寸"对话框，如图1-1-42所示。选择该方式时，程序对所选择的两条直线进行角度尺寸约束。如果选择直线时，鼠标光标比较靠近两直线的交点，则标注的该角度是对顶角，且必须是在草图模式中创建的。

图 1-1-41 "半径尺寸"对话框

图 1-1-42 "角度尺寸"对话框

5.周长尺寸

"周长尺寸"命令用于创建周长约束，以控制选定直线和圆弧的集体长度。周长尺寸将创建表达式，但默认时不在绘图区中显示。

单击"周长尺寸"按钮 ，弹出"周长尺寸"对话框，然后选择需要测量集体长度的曲线集，在"尺寸"选项组的"距离"文本框中会显示曲线集的长度，如图1-1-43所示，此时可以在"距离"文本框中输入设定的集体长度，然后单击"应用"或"确定"按钮，创建周长尺寸约束。

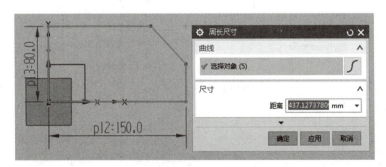
图 1-1-43 周长尺寸

6.连续自动标注尺寸

UG软件初始默认启用连续自动标注尺寸，如果在草图任务环境中关闭该功能，则可以在草图任务环境中，执行"菜单"→"任务"→"草图设置"命令，弹出图 1-1-44 所示的"草图设置"对话框，此时"连续自动标注尺寸"复选框处于勾选状态，取消勾选可以关闭"连续自动标注尺寸"功能。在功能区"约束"面板中也提供了"连续自动标注尺寸"按钮 ，使用此工具也可以设置曲线构造过程中连续自动标注尺寸的开始和关闭。

另外，在"草图设置"对话框中，还可以设置草图中的文本高度和是否创建自动判断约束等。

图 1-1-44 "草图设置"对话框

四、拉伸命令

拉伸特征是将截面沿着草图平面的垂直方向拉伸而成的特征，它是最常用的零件建模方法。

执行"菜单"→"插入"→"设计特征"→"拉伸"命令，或在"特征"工具栏中单击"拉伸"按钮，将弹出图 1-1-45 所示的"拉伸"对话框。需要定义对话框中"截面""方向""限制""布尔""拔模""偏置"和"设置"等参数，并通过"预览"可以看到绘制的三维实体造型。

进行拉伸操作，首先，要在草图截面中绘制截面，在"拉伸"对话框的"截面"选项组中单击"选择曲线"按钮，根据系统提示，选择草绘好的平面或截面几何图形，作为拉伸截面曲线。如果开始没有创建截面图形，可以单击"截面"选项组中的"绘制截面"按钮，弹出"创建草图"对话框，进入内部草图环境中绘制所需的截面曲线。

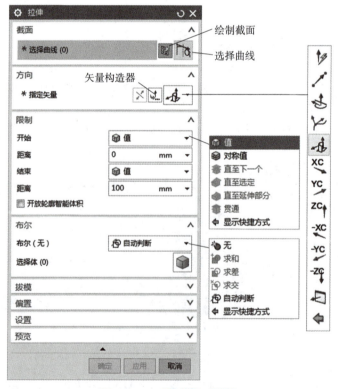

图 1-1-45 "拉伸"对话框

其次，定义方向，在"方向"选项组的"指定矢量"下拉列表中选择矢量方向，或者单击"矢量"按钮，利用弹出的"矢量"对话框创建矢量方向，如图 1-1-46 所示。在"拉伸"对话框"方向"选项组中单击"反向"按钮，可以改变拉伸方向。

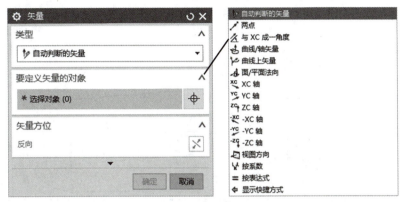

图 1-1-46 "矢量"对话框

在"限制"选项组中设置拉伸限制的方式及参数。在"布尔"下拉列表中，可以设置拉伸操作所创建的实体与原有实体之间的布尔运算；在"拔模"选项组中，可以设置在拉伸时进行拔模处理。

在"偏置"选项组中，定义拉伸偏置选项及相应参数，可以将拉伸的片体或曲面改变成实体。

绘制并标注图 1-1-47 ～图 1-1-52 所示的草图。

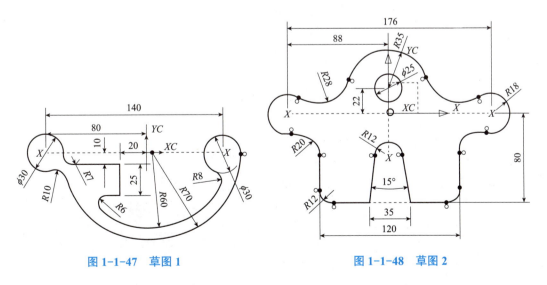

图 1-1-47 草图 1 图 1-1-48 草图 2

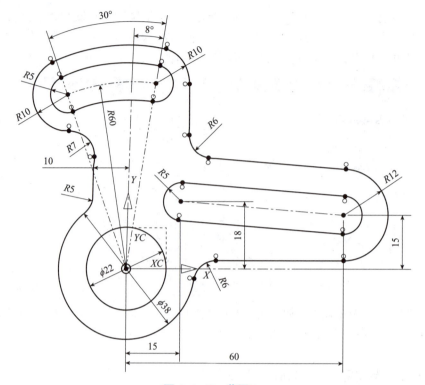

图 1-1-49　草图 3

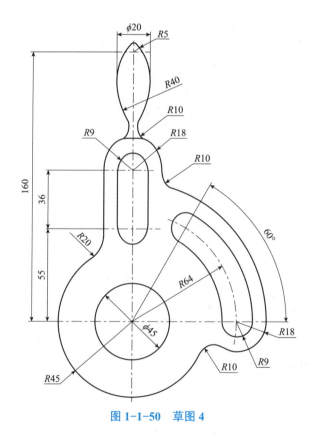

图 1-1-50　草图 4

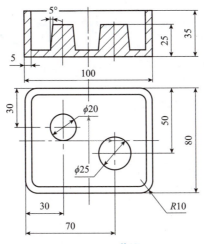

图 1-1-51　草图 5

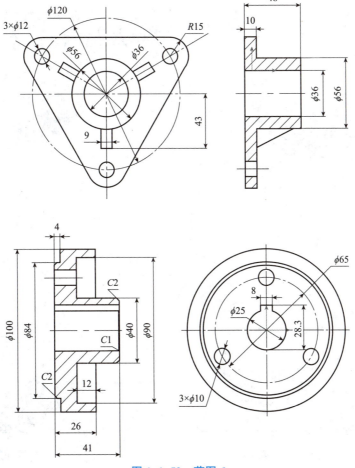

图 1-1-52　草图 6

一、手柄球实体造型设计过程

步骤 1（图 1-1-53）：

（1）选择坐标系原点为球的中心。

（2）使用球的创建指令创建球，输入直径为 28。

注意事项：创建球体时注意球体中心的选择，球体的中心为坐标系中心。

步骤 2：

（1）选择坐标系 *XZ* 平面创建坐标系。

（2）在 *XZ* 平面上绘制出 *φ*28 的圆，从中心到平台的距离为 11，快速修剪，创建草图为求差图形，形成切平台（图 1-1-54）。

手柄球实体
造型设计

图 1-1-53 绘制直径为 28 的球体

图 1-1-54 切平台

步骤 3（图 1-1-55、图 1-1-56）：使用打孔功能，选择孔的类型，生成螺纹底孔。

注意事项：打孔时，孔的中心为平台中心。

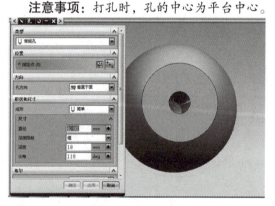

图 1-1-55 生成 *φ*4.92 螺纹底孔

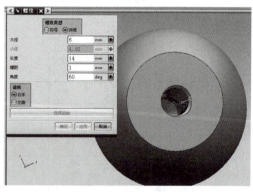

图 1-1-56 生成 M6 螺纹底孔

步骤 4：使用螺纹功能，生成长度为 14 的螺纹。

注意事项：生成螺纹时，选择详细指令。

二、密封圈实体造型设计过程

步骤1（图1-1-57）：

（1）绘制密封圈时，先选择草图创建平面，密封圈的草图创建平面可以选择XZ、YZ、XY等均可生成。

（2）如图1-1-57所示选择的为XZ平面创建草图。

（3）绘制$\phi2.4$的密封圈截面直径。

注意事项： 在草图中绘制的是密封圈截面直径，不是密封圈直径。

步骤2（图1-1-58）：

（1）使用回转功能，选择Z轴为回转轴。

（2）选择回转角度为0°～360°，完成密封圈回转，生成密封圈。

注意事项： 生成密封圈时，要正确选择回转轴。

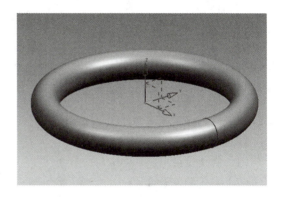

图1-1-57　生成密封圈草图　　　　图1-1-58　使用回转指令生成密封圈

三、芯杆实体造型设计过程

（1）选择XZ平面创建草图。

（2）根据给出的尺寸绘制芯杆的截面尺寸图。

（3）使用回转功能，完成芯杆实体的造型设计（图1-1-59）。

（4）使用倒角功能，完成芯杆的倒角。

（5）使用螺纹功能，完成M6和M8的螺纹生成。

（6）切掉$\phi18$的实体，使其保持宽度为11，高度为5。

注意事项： 芯杆造型设计时，应先倒角后生成螺纹。

四、螺母实体造型设计过程

（1）选择XY平面创建草图。

（2）使用约束和编辑中的移动对象等指令，完成六边形螺母的草图创建。

（3）使用拉伸指令完成螺母实体的创建。

（4）拉伸求差生成螺母孔，同时生成螺纹。

（5）使用拉伸中的拔模指令，同时求交并反向，完成螺母实体造型设计（图1-1-60）。

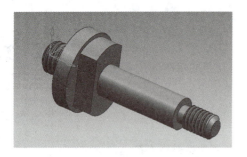

图 1-1-59　使用回转指令生成芯杆

图 1-1-60　螺母实体造型

五、阀体实体造型设计过程

阀体实体造型设计过程

（1）选择 *XY* 平面创建草图。
（2）创建阀体回转体的截面图形，生成阀体回转体。
（3）采用拉伸中的求差。
（4）造型设计出两个圆柱，并求差。
（5）拉伸求差生成排气孔。
（6）生成螺纹。
生成的阀体实体造型如图 1-1-61 所示。

注意事项：
（1）阀体造型中应注意造型的顺序。
（2）排气孔造型设计时，应选择 *YZ* 平面。
（3）造型时应注意拉伸时求和计算。

六、气阀杆实体造型设计过程

气阀杆实体造型设计过程

（1）选择 *XY* 平面创建气阀杆的草图。
（2）绘制出气阀杆的剖面二维图形。
（3）使用旋转功能，完成气阀杆的实体造型设计。
（4）使用螺纹功能生成螺纹和孔。
（5）气阀杆倒角。
生成的气阀杆实体造型如图 1-1-62 所示。

图 1-1-61　阀体实体造型

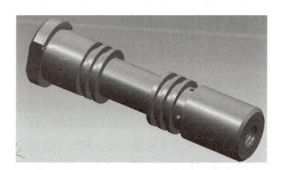

图 1-1-62　气阀杆实体造型

神舟飞船首任总设计师戚发轫

中国航天起步于1956年，从当年的一无所有，到现在成为航天大国，并逐步向航天强国迈进。能够取得如此瞩目的成就，戚发轫认为主要有以下三个方面的原因：

首先，中国航天的任何一个发展阶段都离不开党的领导。从集中力量打"两弹"攻坚战，再打卫星"歼灭战"，到确立依靠飞船而不是航天飞机发展载人航天，党的决策为中国航天擘画出正确的发展道路。

其次，靠全国人民的支持。例如，当我们的运载火箭发射外星失败后，有民营企业捐款，甚至有小朋友把压岁钱都捐出来支持我们搞研发；再如，我陪中国进入太空的第一人杨利伟到香港和澳门访问，当地民众爱国热情高涨，扶老携幼地争相要看航天英雄……无论成功或失败，我们的人民都全力支持国家航天事业的发展，这是我们事业能够取得成功的重要保证。

最后，我们锻炼了一支用先进思想文化武装、受伟大精神鼓舞的航天队伍。中国航天在发展壮大过程中，孕育并实践了以航天传统精神、"两弹一星"精神和载人航天精神为代表的航天"三大精神"，以及探月精神和新时代北斗精神。深厚博大的航天精神反映了不同时期中国航天事业的特征，体现出一脉相承的伟大民族精神，是中国特色社会主义先进文化的重要组成部分，激励、鼓舞着一代代为建设航天强国而奋勇向前的航天人。

1970年4月24日，中国第一颗卫星"东方红一号"发射成功。这50年来，得益于党的领导、人民的支持、航天人的努力，中国从一无所有到成为航天大国，现在正稳步向航天强国迈进。

为什么说中国已经成为航天大国，戚发轫认为要以三个能力来衡量——"中国有了进入太空的能力，有了利用太空的能力，有了捍卫太空的能力。"

对于大家经常提到的"我们为什么要上天"这个问题，戚发轫回应称："如何养活人类，人类如何生活得更好？科学家说过三条路——上天、入地、下海。土地深入万里，寻求资源；到深海去，寻求资源；我们上天，也是为了寻求资源。天，是国家主权的重要疆域。没有天上的成就，在当今世界没有话语权。"

"中国人都很支持航天事业，成功了支持，失败了理解，伟大的事业孕育了我们的精神，'两弹一星'精神，载人航天精神，精神推动了航天事业的发展。"戚发轫说，我们要铭记历史，传承精神，激发青少年崇尚科学，探索未知，发展科学事业。

手动气阀的实体建模设计工作单

计划单

学习情境一	实体建模设计		任务一	手动气阀的实体建模设计
工作方式	组内讨论、团结协作，共同制订计划； 小组成员进行工作讨论，确定工作步骤		计划学时	0.5 学时
完成人	1.　　　　　　　　　2.		3.	
	4.　　　　　　　　　5.		6.	

计划依据：手动气阀各零件图

序号	计划步骤	具体工作内容描述
1	准备工作 （准备软件、图纸、工具、量具，谁去做？）	
2	组织分工 （成立组织，人员具体都完成什么？）	
3	制订造型设计过程方案 （先设计什么？再设计什么？最后完成什么？）	
4	手动气阀实体造型设计零件三维造型设计 （设计前准备什么？使用哪些命令？设计参数如何输入？如何完成设计？设计过程中发现哪些问题？如何解决？）	
5	整理资料 （谁负责？整理什么？）	
制订计划 说明	（写出制订计划中人员为完成任务的主要建议或可以借鉴的建议、需要解释的某一方面）	

决策单

学习情境一	实体建模设计		任务一	手动气阀的实体建模设计
决策学时			0.5 学时	

决策目的：轮毂凸模零件设计方案对比分析，比较设计质量、设计时间、设计成本等

设计方案对比	方案组员	设计的可行性（设计质量）	设计的合理性（设计时间）	设计的经济性（设计成本）	综合评价
	1				
	2				
	3				
	4				
	5				
	6				

决策评价	结果：（根据组内成员设计方案对比分析，对自己的设计方案进行修改并说明修改原因，最后确定一个最佳方案）

检查单

学习情境一	实体建模设计		任务一	手动气阀的实体建模设计

评价学时		课内 0.5 学时	第　组

检查目的及方式	教师监控小组的工作情况，如果检查等级为不合格，则小组需要整改，并拿出整改说明

序号	检查项目	检查标准	检查结果分级（在检查相应的分级框内划"√"）				
			优秀	良好	中等	合格	不合格
1	准备工作	资源是否已查到，材料是否准备完整					
2	分工情况	安排是否合理、全面，分工是否明确					
3	工作态度	小组工作是否积极主动、全员参与					
4	纪律出勤	是否按时完成负责的工作内容、遵守工作纪律					
5	团队合作	是否相互协作、互相帮助，成员是否听从指挥					
6	创新意识	任务完成不照搬照抄，看问题具有独到见解、创新思维					
7	完成效率	工作单是否记录完整，是否按照计划完成任务					
8	完成质量	工作单填写是否准确，设计过程、尺寸公差是否达标					
检查评语						教师签字：	

任务评价

小组工作评价单

学习情境一		实体建模设计	任务一		手动气阀的实体建模设计	
评价学时			课内 0.5 学时			
班级：			第　组			
考核情境	考核内容及要求	分值 （100）	小组自评 （10%）	小组互评 （20%）	教师评价 （70%）	实得分 （∑）
汇报展示 （20）	演讲资源利用	5				
	演讲表达和非语言技巧应用	5				
	团队成员补充配合程度	5				
	时间与完整性	5				
质量评价 （40）	工作完整性	10				
	工作质量	5				
	报告完整性	25				
团队情感 （25）	社会主义核心价值观	5				
	创新性	5				
	参与率	5				
	合作性	5				
	劳动态度	5				
安全文明 （10）	工作过程中的安全保障情况	5				
	工具正确使用和保养、放置规范	5				
工作效率 （5）	能够在要求的时间内完成，每超时 5 分钟扣 1 分	5				

小组成员素质评价单

学习情境一	实体建模设计		任务一	手动气阀的实体建模设计		
班级		第 组		成员姓名		
评分说明	每个小组成员评价分为自评和小组其他成员评价两部分，取平均值计算，作为该小组成员的任务评价个人分数。评价项目共设计 5 个，依据评分标准给予合理量化打分。小组成员自评分后，要找小组其他成员不记名方式打分					

评分项目	评分标准	自评分	成员 1 评分	成员 2 评分	成员 3 评分	成员 4 评分	成员 5 评分
核心价值（20 分）	是否有违背社会主义核心价值观的思想及行动						
工作态度（20 分）	是否按时完成负责的工作内容、遵守纪律，是否积极主动参与小组工作，是否全过程参与，是否吃苦耐劳，是否具有工匠精神						
交流沟通（20 分）	是否能良好地表达自己的观点，是否能倾听他人的观点						
团队合作（20 分）	是否与小组成员合作完成任务，做到相互协作、互相帮助、听从指挥						
创新意识（20 分）	看问题是否能独立思考，提出独到见解，是否能够创新思维解决遇到的问题						
最终小组成员得分							

课后反思

学习情境一	实体建模设计	任务一	手动气阀的实体建模设计
班级	第 组	成员姓名	

情感反思	通过对本任务的学习和实训，你认为自己在社会主义核心价值观、职业素养、学习和工作态度等方面有哪些需要提高的部分？
知识反思	通过对本任务的学习，你掌握了哪些知识点？请画出思维导图。
技能反思	在完成本任务的学习和实训过程中，你主要掌握了哪些技能？
方法反思	在完成本任务的学习和实训过程中，你主要掌握了哪些分析和解决问题的方法？

本例将完成摇轮的制作，效果如图 1-1-63 所示。案例描述：本实例中的摇轮外轮是一个圆环，圆环的直径为 5，圆环的中心圆直径为 50；摇轮有三个梁，三个梁的直径均为 2，三个梁均匀分布；摇轮中心为一个直径为 $S\phi6$ 的球体；球体中心钻了一个直径为 4 的通孔；摇轮有一个圆把手，圆把手由一个圆柱和一个球体组成。圆柱与三个梁中的一个梁成 45°，圆柱把手分布在直径为 50 的中心圆上，圆把手的圆柱结构直径为 4，高度为 6；球体圆心为圆柱上表面的圆心，球体直径为 $S\phi6$；本产品的过渡圆角均为 $R2$。

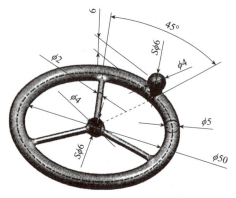

技术要求：
过渡圆角 $R2$

图 1-1-63　摇轮

产品建模思路如下：

（1）启动 UG NX 10.0 软件。

（2）新建一个文件。执行"文件"→"新建"命令，给新文件指定路径和文件名，单击"确定"按钮。

（3）绘制圆。单击"曲线"工具栏中"基本曲线"按钮或执行"曲线"→"基本曲线"命令。在弹出的"基本曲线"对话框中单击"圆"按钮，设置点的方式为"点构造器"，在弹出的对话框中单击"重置"按钮，再单击"确定"按钮，修改 XC=25，单击"确定"按钮，完成圆的建立。

（4）绘制直线。执行"曲线"→"直线"命令，在弹出的对话框的"起点"选项中单击"点构造器"按钮，在弹出的对话框中设置各坐标都为"25.0"，单击"确定"按钮，在"终点"选项中单击"点构造器"按钮，在弹出的对话框中设置 X=25，其余为 0，单击"确定"按钮，完成直线的建立，效果如图 1-1-64 所示。

（5）形成管状实体。单击"成型特征"工具栏中的"管道"按钮 管道 或执行"扫掠"→"管道"命令，在弹出的对话框中设置"外径"为 5，"内径"为 0，输出类型为"多段线"，设置如图 1-1-65 所示，单击"确定"按钮，根据系统提示，选取圆形，单击"应用"按钮，完成圆环实体建模。返回"管道"对话框，选取直线，修改"外径"为 2，其他默认，"布尔"选择"无"选项。单击"确定"按钮，完成"直线"管道的创建，实体效果如图 1-1-66 所示。

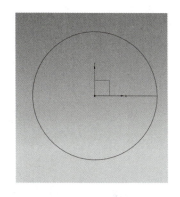

图 1-1-64　绘制圆与直线

图 1-1-65　设置管道参数

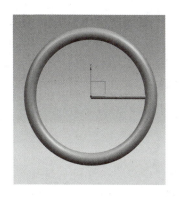

图 1-1-66　管状实体

（6）阵列实体。单击"特征操作"工具栏中的"阵列特征"按钮或执行"关联复制"→"阵列特征"命令，弹出"阵列特征"对话框，单击"选择特征"按钮，选取"管道（2）"为阵列特征，在"阵列定义"的"布局"中选择"圆形"，设置角度和方向参数："间距"选择"数量和节距"，"数量"为3，"节距角"为120°，如图1-1-67所示。在"旋转轴"一栏"指定矢量"为12，通过"点"对话框指定旋转中心点，为所有坐标都设置为"0"，再单击"确定"按钮，这时系统弹出"创建引用"对话框，单击"是"按钮，这样实体就阵列完成了，效果如图1-1-68所示。

图 1-1-67　阵列特征

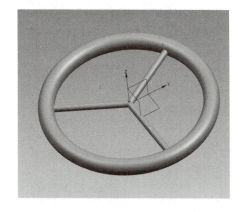

图 1-1-68　阵列实体

（7）特征求和。执行"组合"→"求和"命令，弹出"合并"对话框，选择圆环为"目标体"，阵列实体为"工具体"，单击"确定"按钮。

（8）创建边倒圆。单击"特征操作"工具栏中的"边倒圆"按钮或执行"细节特征"→"边倒圆"命令，弹出"边倒圆"对话框，选择意图下拉菜单选项，设置选择意图为相切曲线，设置半径为2，选取3个柱状的实体与环状实体的交线，如图1-1-69所示，单击"确定"按钮。

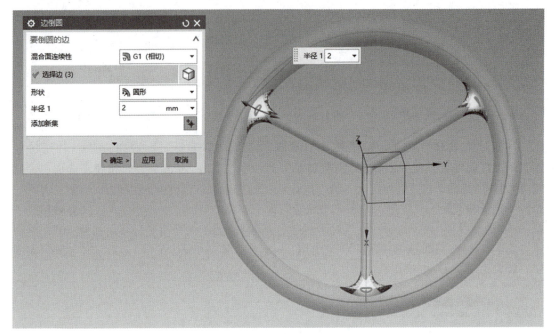

图1-1-69　选择边倒圆的线

（9）增添球体。执行"设计特征"→"球"命令或单击"特征"工具栏中的"球"按钮，弹出"球"对话框，选择"中心点和直径"选项，输入直径为6，如图1-1-70（a）所示。单击"点对话框"按钮，弹出"点"对话框，设置坐标点为原点，选择"布尔"中的"求和"选项。效果如图1-1-70（b）所示。

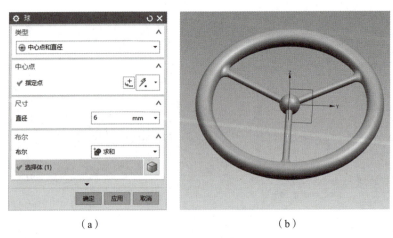

（a）　　　　　　　　　　　　　（b）

图1-1-70　球体创建

（a）"球"对话框；（b）创建球

（10）圆柱剪除实体。单击"成形特征"工具栏中的"圆柱"按钮或执行"设计特征"→"圆柱"命令，弹出"圆柱"对话框，选择"轴、直径和高度"选项，在弹出的对话框中单击"确定"按钮，设置直径为4，高度为12，如图1-1-71所示。单击"点对话框"按钮，弹出"点"对话框，修改 ZC=-6，如图1-1-72所示，单击"确定"按钮。选择"布尔"中的"求差"选项，效果如图1-1-73所示。

图1-1-71　"圆柱"对话框

图1-1-72　点坐标设置

（11）创建边倒圆。单击"特征操作"工具栏中的"边倒圆"按钮或执行"插入"→"细节特征"→"边倒圆"命令，弹出"边倒圆"和选择意图对话框，设置半径为2，选取3个柱状的实体与球实体的交线，如图1-1-74所示，单击"确定"按钮，完成倒圆角。

图1-1-73　剪除实体

图1-1-74　边倒圆

（12）旋转工作坐标系。

1）定制工具栏的坐标图标：进入"定制"对话框，单击"命令"按钮，选择"格式"选项，把需要的图标拖到工具栏上，如图1-1-75所示。

2）旋转坐标系：单击"实用工具"工具栏中的"旋转"按钮或执行"旋转"→"WCS"→"旋转"命令，选择"-ZC轴：$YC \rightarrow XC$"选项，设置角度为45°，如图1-1-76所示，单击"确定"按钮。

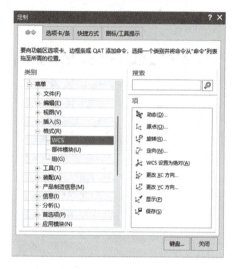

图 1-1-75 "定制"对话框

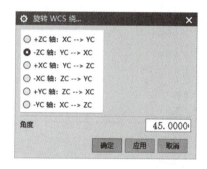

图 1-1-76 "旋转"对话框

3）移动坐标系：单击"实用工具"工具栏中的"原点"按钮或执行"旋转"→"WCS"→"原点"命令，弹出"点"对话框，修改 XC 为25，如图1-1-77所示，单击"移动坐标系"按钮。坐标系就移动到如图1-1-78所示的地方。

图 1-1-77 设置移动坐标系

图 1-1-78 坐标系的位置

（13）创建圆柱。单击"成形特征"工具栏中的"圆柱"按钮或执行"插入"→"设计特征"→"圆柱"命令，弹出"圆柱"对话框，单击"轴、直径和高度"按钮，在边缘／曲线矢量下选择1，单击"确定"按钮，输入直径为4，高度为6，单击"点对话框"按钮，弹出"点"对话框，设置圆心点为原点，单击"确定"按钮，再单击对话框的"求和"按钮。

（14）创建球体。单击"成形特征"工具栏中的"球"按钮或执行"插入"→"设计特征"→"球"命令，弹出"球"对话框，选择"中心点和直径"选项，输入直径为6，在"中心点"处选择"圆心"捕捉，选择步骤（13）创建的圆柱体上表面的圆心，如图1-1-79所示，然后选择"求和"选项。

图 1-1-79 "球"对话框

（15）创建边倒圆。单击"特征操作"工具栏中的"边倒圆"按钮或执行"插入"→"细节特征"→"边倒圆"命令，弹出"边倒圆"和选择意图对话框，设置选择意图为"面的边"，设置半径为2，选取管道与圆柱的交线，单击"应用"按钮，效果如图1-1-80所示。摇轮制作完成。

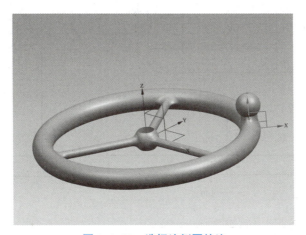

图 1-1-80 选择边倒圆的边

课后作业

完成图1-1-81～图1-1-83所示零件的实体造型设计。

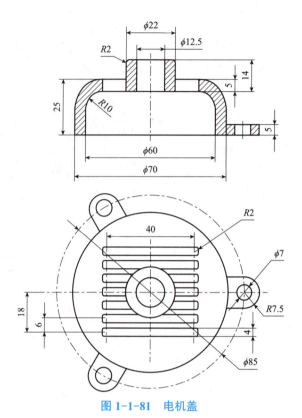

图 1-1-81　电机盖

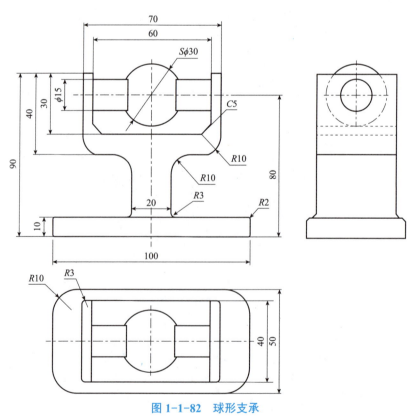

图 1-1-82　球形支承

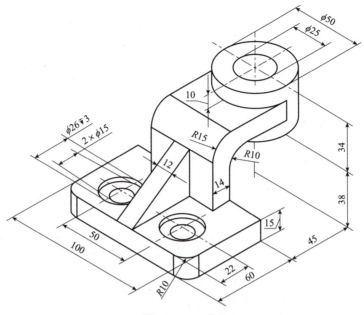

图 1-1-83　支架

任务二　虎钳的实体造型设计

虎钳的实体
造型设计

学习情境一	实体建模设计	任务二	虎钳的实体造型设计
任务学时		4 学时（课外 4 学时）	
布置任务			
任务目标	1. 根据虎钳零件的结构特点，选择合理的软件命令完成实体造型设计。 2. 根据虎钳零件的设计要求，拟定虎钳零件的设计过程。 3. 使用 UG 软件完成虎钳零件相关命令的使用流程。 4. 使用 UG 软件完成虎钳三维建模		
任务描述	虎钳是组合夹具在机床上用来夹紧工件的部件。它由 8 种零件组成（图 1-2-1），卡爪 1 底部与基体 4 凹槽相配合。螺杆 2 的外螺纹与卡爪的内螺纹连接，而螺杆的缩颈被垫铁 3 卡住，使它只能在垫铁中转动，而不能沿轴向移动。垫铁用两个螺钉 8 固定在基体的弧形槽内。为了防止卡爪脱出基体，用前、后两块盖板（5 与 7）加 6 个内六角螺钉 6 连接到基体上。当扳手旋转螺杆 2 时，梯形螺纹传动使卡爪在基体内左右移动，以便夹紧或松开工件。基体底部有前后及左右方向两个凹槽，它们与底板上相应凹槽用键零件固定。为了固定键，基体底部的前、后、左、右设有四个螺孔，以便使用紧固螺钉固定		

学习情境一	实体建模设计	任务二	虎钳的实体造型设计
任务学时		4 学时（课外 4 学时）	
布置任务			

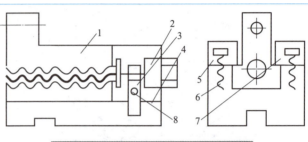

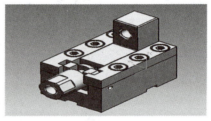

图 1-2-1　虎钳结构示意图和效果图

1—卡爪；2—螺杆；3—垫铁；4—基体；5、7—盖板；6—内六角螺钉；8—螺钉

每组分别使用 UG 软件完成虎钳三维建模，各小组应了解如下具体内容。

1. 了解虎钳的工作原理。

2. 了解虎钳的组成（由 8 种共 14 个零件组成，其中螺钉 M8×16 为 6 个、螺钉 M6×12 为 2 个，其他均为单件）。

3. 掌握卡爪（图 1-2-2）、螺杆（图 1-2-3）、垫铁（图 1-2-4）、后盖板（图 1-2-5）、基体（图 1-2-6）、螺钉 M8×16（图 1-2-7）、前盖板（图 1-2-8）、螺钉 M6×12（图 1-2-9）的实体造型设计过程。

任务描述

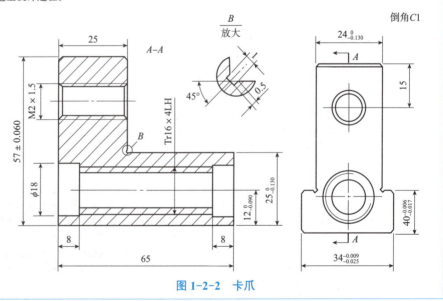

图 1-2-2　卡爪

学习情境一	实体建模设计	任务二	虎钳的实体造型设计
任务学时		4 学时（课外 4 学时）	
布置任务			

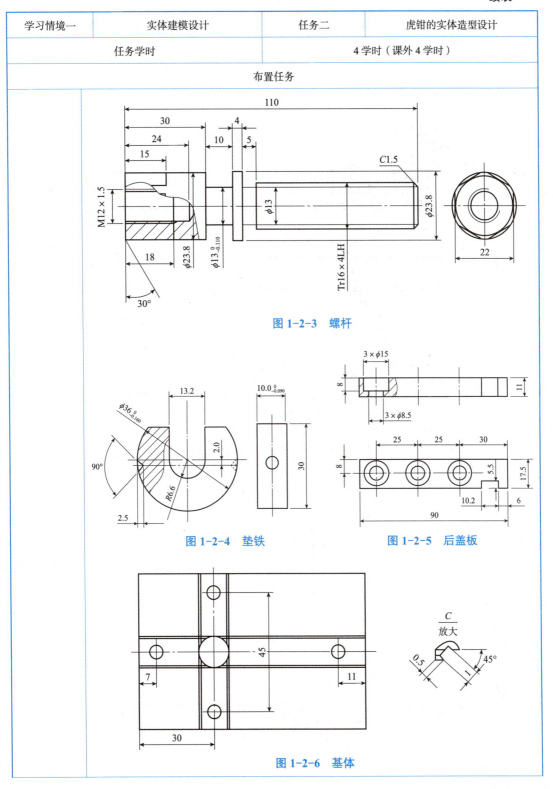

图 1-2-3　螺杆

图 1-2-4　垫铁

图 1-2-5　后盖板

图 1-2-6　基体

学习情境一	实体建模设计	任务二	虎钳的实体造型设计
任务学时		4 学时（课外 4 学时）	
布置任务			

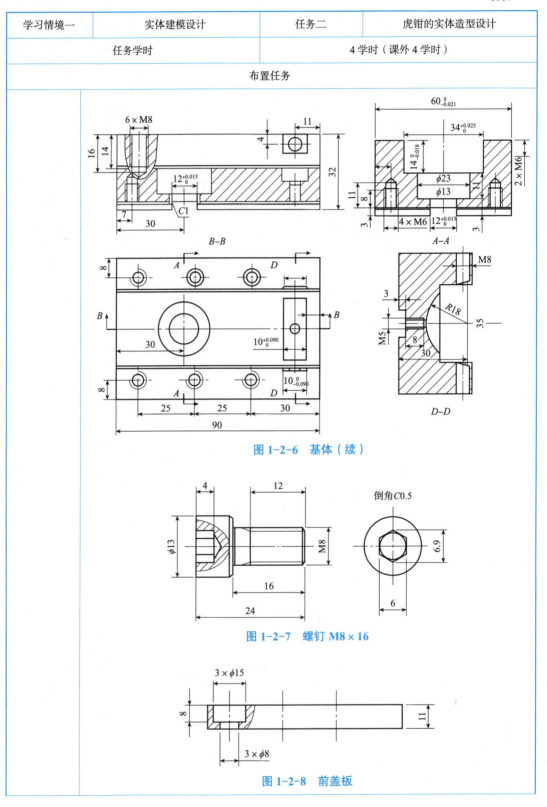

图 1-2-6　基体（续）

图 1-2-7　螺钉 M8×16

图 1-2-8　前盖板

学习情境一	实体建模设计	任务二	虎钳的实体造型设计
任务学时		4 学时（课外 4 学时）	

布置任务

图 1-2-8　前盖板（续）

图 1-2-9　螺钉 M6×12

学时安排	资讯 1 学时	计划 0.5 学时	决策 0.5 学时	实施 1 学时	检查 0.5 学时	评价 0.5 学时

提供资源	1. 虎钳各零件图纸。 2. 电子教案、课程标准、多媒体课件、教学演示视频及其他共享数字资源。 3. 虎钳零件模型。 4. 游标卡尺等工具和量具
对学生学习及成果的要求	1. 具备识读轮毂凸模零件图的能力。 2. 严格遵守实训基地各项管理规章制度。 3. 对比虎钳零件三维模型与零件图，分析结构是否正确、尺寸是否准确。 4. 每位同学均能按照学习导图自主学习，并完成课前自学的问题训练和自学自测。 5. 严格遵守课堂纪律，学习态度认真、端正，能够正确评价自己和同学在本任务中的表现。 6. 每位同学必须积极参与小组工作，承担零件设计过程、零件校验等工作，做到能够积极主动不推诿，能够与小组成员合作完成工作任务。 7. 每位同学均须独立或在小组同学的帮助下完成任务工作单、加工工艺文件等内容。 8. 根据提供的虎钳各零件图纸、虎钳零件设计视频等教学资源，对照检查并确认签字，对有错误的地方及时修改。 9. 每组必须完成任务工单，并提请教师进行小组评价，小组成员分享小组评价分数或等级。 10. 每位同学均完成任务反思，以小组为单位提交

学习导图

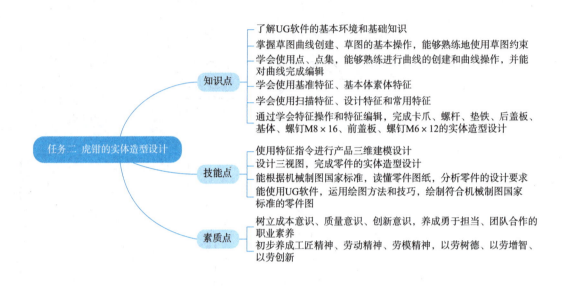

任务二 虎钳的实体造型设计

知识点
- 了解UG软件的基本环境和基础知识
- 掌握草图曲线创建、草图的基本操作，能够熟练地使用草图约束
- 学会使用点、点集，能够熟练进行曲线的创建和曲线操作，并能对曲线完成编辑
- 学会使用基准特征、基本体素体特征
- 学会使用扫描特征、设计特征和常用特征
- 通过学会特征操作和特征编辑，完成卡爪、螺杆、垫铁、后盖板、基体、螺钉M8×16、前盖板、螺钉M6×12的实体造型设计

技能点
- 使用特征指令进行产品三维建模设计
- 设计三视图，完成零件的实体造型设计
- 能根据机械制图国家标准，读懂零件图纸，分析零件的设计要求
- 能使用UG软件，运用绘图方法和技巧，绘制符合机械制图国家标准的零件图

素质点
- 树立成本意识、质量意识、创新意识，养成勇于担当、团队合作的职业素养
- 初步养成工匠精神、劳动精神、劳模精神，以劳树德、以劳增智、以劳创新

课前自学

一、拉伸

拉伸特征是指将二维截面沿指定的方向延伸一段距离所创建的特征。若二维截面封闭，则自动拉伸为实体；若二维截面开放，则自动拉伸为片体，如图 1-2-10 所示。

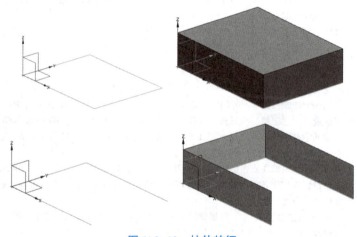

图 1-2-10　拉伸特征

调用该命令主要有以下方式：

（1）功能区：单击"特征"工具栏中的"拉伸"按钮。

（2）菜单栏：执行"插入"→"设计特征"→"拉伸"命令。

可用于拉伸的对象有以下几类：

（1）曲线：选取曲线或草图的线串作为拉伸对象。

（2）实体面：选取实体的面作为拉伸对象。

（3）实体边缘：选取实体的边作为拉伸对象。

（4）片体：选取片体作为拉伸对象。

执行"拉伸"命令后，弹出"拉伸"对话框，如图1-2-11所示，对话框中有"截面""方向""限制""布尔""拔模""偏置""设置""预览"8个选项组。

图1-2-11　"拉伸"对话框

1."截面"选项组（即"表区域驱动"选项组）

"截面"选项组用来定义拉伸的截面。当选项组中的"曲线"处于被选中状态时（默认为选中状态），可在绘图区中直接选择要拉伸的截面曲线。

单击"绘制截面"按钮，弹出"创建草图"对话框，在定义草图平面和草图方向后，单击"确定"按钮，即可进入草图模式绘制截面。

2"方向"选项组

"方向"选项组用来确定拉伸方向，可以在"自动判断的矢量"下拉列表中选择矢量，也可以根据实际设计情况单击"矢量"按钮，利用弹出的"矢量"对话框来定义矢量。单击"矢量"方向中的"反向"键，则拉伸方向相反。系统默认沿截面法向进行拉伸。

3."限制"选项组

"限制"选项组用来确定拉伸截面向两侧延伸的方式和各自的距离。拉伸有"值""对称值""直至下一个""直至选定""直至延伸部分""贯通"6种方式，其意义见表1-2-1。

表1-2-1　拉伸方式说明

拉伸方式	名称	说明
	值	以指定的距离拉伸截面。截面所在的平面为拉伸距离"0"，沿着所指定的拉伸矢量正轴方向，距离为正值；反之为负值
	对称值	以指定距离向截面的两侧拉伸
	直至下一个	系统自动沿用户指定的矢量方向延伸至与第一个曲面相交时自动停止。基准平面不能被用作终止曲面
	直至选定	将截面沿拉伸方向拉伸至用户选定的表面、实体或基准面（需要有相交部分）
	直至延伸部分	通过查找与某个延伸面或基准平面的相交部分，或者在某个体内查找相交部分来确定限制
	贯通	系统自动沿着拉伸方向进行分析，在特征到达最后一个曲面时停止拉伸

045

4."布尔"选项组

"布尔"选项组用来设置拉伸操作所得实体与原有实体之间的布尔运算，有"无""合并""减去""相交""自动判断"5个选项。

5."拔模"选项组

"拔模"选项组用来设置在拉伸时进行拔模处理，有"无""从起始限制""从截面""从截面—不对称角""从截面—对称角""从截面匹配的终止处"6个选项。拔模角度可为正，也可为负。

当选择"拔模"选项为"从起始限制"，并设置角度为 –20° 时，效果如图1-2-12所示。

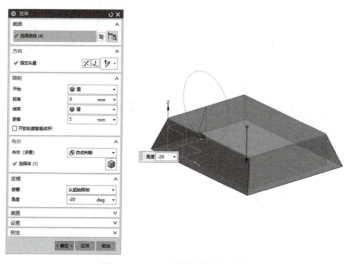

图1-2-12　设置拔模的示例

6."偏置"选项组

"偏置"选项组用来定义拉伸偏置选项及相应的参数，以获得特定的拉伸效果，有"无""单侧""两侧""对称"4个选项。其效果如图1-2-13所示。

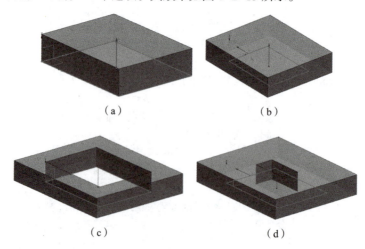

（a）　　　　　　　　　　　　　（b）

（c）　　　　　　　　　　　　　（d）

图1-2-13　定义偏置的几种情况

（a）无；（b）单侧；（c）两侧；（d）对称

7. "设置"选项组

"设置"选项组用来设置体类型和公差。体类型选项有"实体"和"片体"。其效果对比如图1-2-14所示。在默认情况下，封闭截面拉伸为实体，开放截面拉伸为片体。

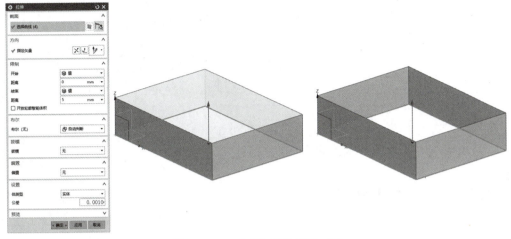

图1-2-14　实体与片体效果对比

8. "预览"选项组

在"预览"选项组中，选中"预览"可以在拉伸操作过程中动态预览拉伸特征。例如，单击"显示结果"，可以观察到最后完成的实体模型效果。

二、孔

孔特征是一种比较常用的特征，它通过在基础特征上去除材料而生成孔。调用孔命令主要有以下方式：

（1）功能区：单击"特征"工具栏中的"孔"按钮。

（2）菜单栏：执行"插入"→"设计特征"→"孔"命令。

执行上述操作后，弹出"孔"对话框，如图1-2-15所示。

创建孔特征需要定义的内容包括孔类型、放置平面和孔方向、形状和尺寸（或规格）等。要指定孔的形态和尺寸（或规格），只需要在"孔"对话框中输入相应值即可。

定义孔的位置有以下两种方法。

（1）直接捕捉已有的特殊点。

（2）先选择孔的放置平面，再通过草绘点来确定孔的位置。

孔的类型有常规孔、钻形孔、螺钉间隙孔、螺纹孔和孔系列。

图1-2-15　"孔"对话框

1. 常规孔

创建指定尺寸的简单孔、沉头孔、埋头孔和锥孔，如图1-2-16所示。

2. 钻形孔

钻形孔的创建方法与简单孔类似，但孔的直径不能随意输入，需按钻头系列尺寸选取，如图1-2-17所示，在"设置"选项组中可选择使用的标准，如ISO、ANSI。

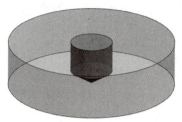

（a）

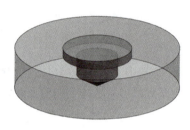

（b）

（c）

图 1-2-16　创建常规孔

（a）定义简单孔；（b）定义沉头孔；（c）定义埋头孔

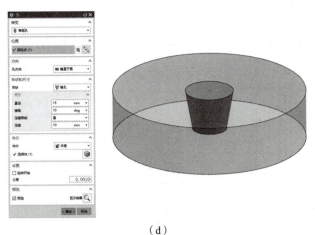

（d）

图 1-2-16　创建常规孔（续）

（d）定义锥孔

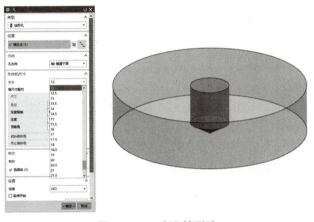

图 1-2-17　定义钻形孔

3.螺钉间隙孔

根据所选螺钉的大小，自动创建螺钉的穿过孔，其创建方法与简单孔类似，如图 1-2-18 所示。

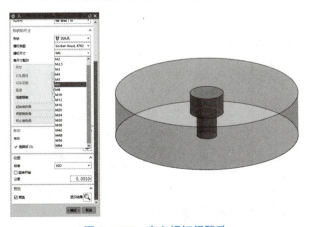

图 1-2-18　定义螺钉间隙孔

4. 螺纹孔

创建自带螺纹的孔，孔的尺寸只能按螺纹的系列选取，其创建方法与简单孔类似，如图 1-2-19 所示。

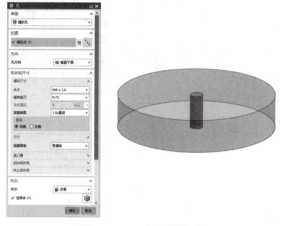

图 1-2-19　定义螺纹孔

5. 孔系列

根据所选螺钉的大小，在一系列板上自动创建螺钉的穿过孔，创建方法与简单孔类似。

（1）"起始"选项：指定起始孔参数。起始孔是在指定中心处开始的，具有简单孔、沉头孔或埋头孔状的螺钉间隙孔。

（2）"中间"选项：用于指定中间孔参数。中间孔是与起始孔对齐的螺钉间隙孔。

（3）"端点"选项：用于指定结束孔参数。结束孔可以是螺钉间隙孔，也可以是螺纹孔。

三、边倒圆

"边倒圆"是指对面与面之间的锐边进行倒圆，圆角半径可以是恒定的（等半径倒圆角），也可以是变化的（变半径倒圆角）。调用该命令主要有以下方式：

（1）功能区：单击"特征"工具栏中的"边倒圆"按钮。

（2）菜单栏：执行"插入"→"细节特征"→"边倒圆"命令。

执行上述操作后，弹出"边倒圆"对话框，如图 1-2-20 所示。

图 1-2-20　"边倒圆"对话框及等半径倒圆角示例

四、倒斜角

"倒斜角"是指对面与面之间的锐边进行倾斜的倒角处理。调用该命令主要有以下方式：

（1）功能区：单击"特征"工具栏中的"倒斜角"按钮。

（2）菜单栏：执行"插入"→"细节特征"→"倒斜角"命令。

执行上述操作后，弹出"倒斜角"对话框，如图1-2-21所示。

"倒斜角"有"对称""非对称""偏置和角度"三种方式。

图 1-2-21　"倒斜角"对话框

1. 对称

只需设置一个距离参数，从边开始的两个位置距离相同，如图1-2-22所示。

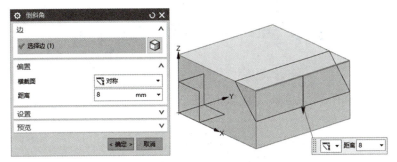

图 1-2-22　对称倒斜角

2. 非对称

需分别定义距离1和距离2，如图1-2-23所示。可单击"反向"按钮来切换该倒斜角的另一个解。

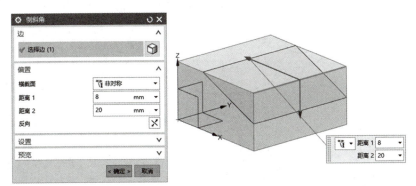

图 1-2-23　非对称倒斜角

3. 偏置和角度

需分别定义一个偏置距离和一个角度参数，如图1-2-24所示。可单击"反向"按钮来切换该倒斜角的另一个解。

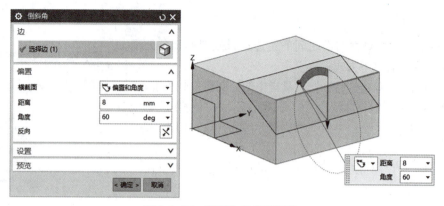

图 1-2-24　偏置和角度倒斜角

自学自测

完成图 1-2-25 和图 1-2-26 所示零件的草图绘制。

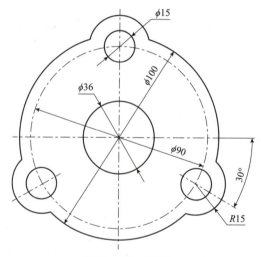

图 1-2-25　草图 1

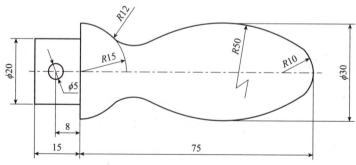

图 1-2-26　草图 2

一、卡爪实体造型设计

（1）选择 *XY* 平面创建草图，绘制二维长方形，拉伸的高度为 14 mm。

（2）选择拉伸底座的上表面创建草图，继续绘制长方形，并使用布尔运算中的拉伸求和选项。

（3）选择凸台上表面创建草图，继续使用拉伸求和选项完成卡爪的实体图形创建。

（4）创建孔，使用布尔运算中的拉伸求差选项。

（5）使用螺纹功能，完成卡爪的螺纹生成。

（6）完成卡爪倒角。

卡爪实体造型设计如图 1-2-27 所示。

注意事项：在卡爪造型设计过程中注意布尔运算中求和的使用。

卡爪实体造型设计

二、螺杆实体造型设计

（1）选择 *XY* 平面创建螺杆草图，绘制螺杆的剖面图形。

（2）使用回转功能，生成螺杆的回转体。

（3）造型设计方头。

（4）螺杆的倒角。

（5）生成螺纹。

螺杆实体造型设计如图 1-2-28 所示。

注意事项：螺杆造型设计时，难点为方头的造型设计，注意方头为圆弧和直线连接而成。

螺杆实体造型设计

图 1-2-27　卡爪实体造型设计

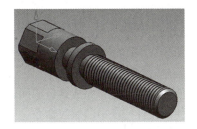

图 1-2-28　螺杆实体造型设计

三、垫铁实体造型设计

（1）选择 *XY* 平面创建草图，绘制出垫铁平面图形。

（2）拉伸完成垫铁的实体造型创建。

（3）创建平面和草图，完成三角形二维图形的绘制，使用回转求差功能，完成垫铁实体造型设计。

垫铁实体造型设计如图 1-2-29 所示。

注意事项：应注意灵活使用创建平面功能。

垫铁实体造型设计

四、后盖板实体造型设计

（1）选择 *XY* 平面创建草图，绘制出长方形。

（2）拉伸成长方体。

（3）使用布尔运算中的求差选项，生成孔和缺口，完成后盖板实体造型设计。

后盖板实体造型设计如图 1-2-30 所示。

注意事项：后盖板实体造型设计时，所含孔为阶梯孔。

图 1-2-29　垫铁实体造型设计

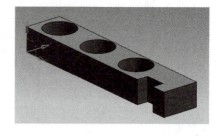

图 1-2-30　后盖板实体造型设计

五、基体实体造型设计

（1）选择 *XY* 平面创建草图，绘制出长方形。

（2）拉伸成长方体。

（3）生成螺纹孔，并生成螺纹。

（4）拉伸求差生成十字槽。

（5）生成圆弧槽，完成基体实体造型设计。

基体实体造型设计如图 1-2-31 所示。

注意事项：注意半圆槽的画法。

六、螺钉 M8×16 实体造型设计

（1）使用 *XY* 平面创建草图。

（2）绘制螺钉在 *XY* 平面上的草图。

（3）使用旋转功能，完成螺钉的回转并生成实体。

（4）使用设计特征中的螺纹命令，生成 M8 螺纹。

（5）生成螺钉内六角孔。

螺钉 M8×16 实体造型设计如图 1-2-32 所示。

图 1-2-31　基体实体造型设计

图 1-2-32　螺钉 M8×16 实体造型设计

七、前盖板实体造型设计

（1）选择 *XY* 平面创建草图，绘制出长方形。

（2）拉伸成长方体。

（3）使用布尔运算中的求差选项，生成孔和缺口，完成前盖板的实体造型设计。

前盖板实体造型设计如图 1-2-33 所示。

注意事项： 前盖板实体造型设计时，所含孔为阶梯孔。

前盖板实体
造型设计

八、螺钉 M6×12 实体造型设计

（1）选择 *XZ* 平面创建草图，绘制出螺钉回转二维图形。

（2）回转生成螺钉圆柱形。

（3）生成 M6 螺纹。

（4）在螺钉顶面绘制草图，完成螺钉的开口槽的创建。

螺钉 M6×12 实体造型设计如图 1-2-34 所示。

螺钉 M6×12
实体造型设计

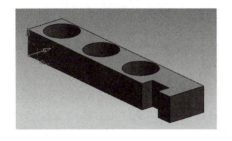

图 1-2-33　前盖板实体造型设计

图 1-2-34　螺钉 M6×12 实体造型设计

素质拓展

"蛟龙号" 载人潜水器

"蛟龙号"载人潜水器是我国首台自主设计、自主集成研制的作业型深海载人潜水器，设计最大下潜深度为 7 000 米级，也是目前世界上下潜能力最强的作业型载人潜水器。"蛟龙号"可在占世界海洋面积 99.8% 的广阔海域中使用，对于我国开发利用深海的资源有着重要的意义。

中国是继美、法、俄、日之后世界上第五个掌握大深度载人深潜技术的国家。在全球载人潜水器中，"蛟龙号"属于第一梯队。目前，全世界投入使用的各类载人潜水器约为 90 艘，其中下潜深度超过 1 000 m 的仅有 12 艘，更深的潜水器数量更少。目前拥有 6 000 m 以上深度载人潜水器的国家包括中国、美国、日本、法国和俄罗斯。除中国外，其他 4 国的作业型载人潜水器最大工作深度为日本深潜器的 6 527 m，因此，"蛟龙号"载人潜水器在西太平洋的马里亚纳海沟海试成功到达 7 020 m 海底，创造了作业类载人潜水器新的世界纪录。

从 2009 年至 2012 年，"蛟龙号"接连取得 1 000 米级、3 000 米级、5 000 米级和 7 000 米

级海试成功。下潜至 7 000 m，说明"蛟龙号"载人潜水器集成技术的成熟，标志着我国深海潜水器成为海洋科学考察的前沿与制高点之一。

2012 年 6 月 27 日 11 时 47 分，中国"蛟龙号"再次刷新"中国深度"——下潜 7 062 m。自 6 月 3 日"蛟龙号"出征以来，已经连续书写了 5 个"中国深度"新纪录：6 月 15 日，6 671 m；6 月 19 日，6 963 m；6 月 22 日，6 965 m；6 月 24 日，7 020 m；6 月 27 日，7 062 m。下潜至 7 000 m，标志着我国具备了载人到达全球 99% 以上海洋深处进行作业的能力，也标志着中国海底载人科学研究和资源勘探能力达到国际领先水平。

2013 年 6 月 17 日 16 时 30 分左右，中国"蛟龙号"载人潜水器从南海—冷泉区海底回到母船甲板上，三名下潜人员出舱，标志着"蛟龙号"首个试验性应用航次首次下潜任务顺利完成。

从 2013 年起，"蛟龙号"正式进入试验性应用阶段。2017 年，当地时间 6 月 13 日，"蛟龙号"顺利完成了大洋 38 航次第三航段最后一潜，标志着试验性应用航次全部下潜任务圆满完成。

截至 2018 年 11 月，"蛟龙号"已成功下潜 158 次。

2019 年 2 月 28 日，"蛟龙号"载人潜水器在国家深海基地试验水池，进行了大修与技术升级后的第一个测试下潜。这标志着"蛟龙号"大修与技术升级全系统勘验、维修、系统升级、总装联调等陆上工作已经全部完成，正式进入了一个新的阶段。

任务单

虎钳的实体造型设计工作单

计划单

学习情境一	实体建模设计		任务二	虎钳的实体造型设计
工作方式	组内讨论、团结协作，共同制订计划； 小组成员进行工作讨论，确定工作步骤		计划学时	0.5 学时
完成人	1.　　　　　　2.　　　　　　 4.　　　　　　5.		3. 6.	
计划依据：虎钳的零件图				
序号	计划步骤		具体工作内容描述	
1	准备工作 （准备软件、图纸、工具、量具，谁去做？）			
2	组织分工 （成立组织，人员具体都完成什么？）			
3	制订造型设计过程方案 （先设计什么？再设计什么？最后完成什么？）			
4	虎钳的实体造型设计 （设计前准备什么？使用哪些命令？设计参数如何输入？如何完成设计？设计过程中发现哪些问题？如何解决？）			

序号	计划步骤	具体工作内容描述
5	整理资料 （谁负责？整理什么？）	
制订计划说明	（写出组内成员完成任务的主要建议或可以借鉴的建议、需要解释的某一方面）	

决策单

学习情境一	实体建模设计		任务二	虎钳的实体造型设计
决策学时			0.5 学时	
决策目的：虎钳的实体造型设计方案对比分析，比较设计质量、设计时间、设计成本等				

	方案组员	设计的可行性 （设计质量）	设计的合理性 （设计时间）	设计的经济性 （设计成本）	综合评价
设计方案对比	1				
	2				
	3				
	4				
	5				
	6				

决策评价	结果：（根据组内成员设计方案对比分析，对自己的设计方案进行修改并说明修改原因，最后确定一个最佳方案）

检查单

学习情境一	实体建模设计		任务二	虎钳的实体造型设计
评价学时			课内 0.5 学时	第　组
检查目的及方式	教师监控小组的工作情况，如果检查等级为不合格，则小组需要整改，并拿出整改说明			

序号	检查项目	检查标准	检查结果分级（在检查相应的分级框内画"√"）				
			优秀	良好	中等	合格	不合格
1	准备工作	资源是否已查到，材料是否准备完整					
2	分工情况	安排是否合理、全面，分工是否明确					
3	工作态度	小组工作是否积极主动、全员参与					
4	纪律出勤	是否按时完成负责的工作内容、遵守工作纪律					
5	团队合作	是否相互协作、互相帮助，成员是否听从指挥					
6	创新意识	任务完成不照搬照抄，看问题具有独到见解、创新思维					
7	完成效率	工作单是否记录完整，是否按照计划完成任务					
8	完成质量	工作单填写是否准确，设计过程、尺寸公差是否达标					
检查评语	教师签字：						

小组工作评价单

学习情境一	实体建模设计	任务二	虎钳的实体造型设计

评价学时	课内 0.5 学时

班级：	第　组

考核情境	考核内容及要求	分值（100）	小组自评（10%）	小组互评（20%）	教师评价（70%）	实得分（∑）
汇报展示（20）	演讲资源利用	5				
	演讲表达和非语言技巧应用	5				
	团队成员补充配合程度	5				
	时间与完整性	5				
质量评价（40）	工作完整性	10				
	工作质量	5				
	报告完整性	25				
团队情感（25）	社会主义核心价值观	5				
	创新性	5				
	参与率	5				
	合作性	5				
	劳动态度	5				
安全文明（10）	工作过程中的安全保障情况	5				
	工具正确使用和保养、放置规范	5				
工作效率（5）	能够在要求的时间内完成，每超时 5 分钟扣 1 分	5				

小组成员素质评价单

学习情境一		实体建模设计	任务二		虎钳的实体造型设计		
班级		第 组	成员姓名				

评分说明	每个小组成员评价分为自评和小组其他成员评价两部分，取平均值计算，作为该小组成员的任务评价个人分数。评价项目共设计 5 个，依据评分标准给予合理量化打分。小组成员自评分后，要找小组其他成员以不记名方式打分						

评分项目	评分标准	自评分	成员 1 评分	成员 2 评分	成员 3 评分	成员 4 评分	成员 5 评分
社会主义核心价值观（20分）	是否有违背社会主义核心价值观的思想及行动						
工作态度（20分）	是否按时完成负责的工作内容、遵守纪律，是否积极主动参与小组工作，是否全过程参与，是否吃苦耐劳，是否具有工匠精神						
交流沟通（20分）	是否能良好地表达自己的观点，是否能倾听他人的观点						
团队合作（20分）	是否与小组成员合作完成任务，做到相互协作、互相帮助、听从指挥						
创新意识（20分）	看问题是否能独立思考，提出独到见解，是否能够运用创新思维解决遇到的问题						
小组成员最终得分							

课后反思

学习情境一		实体建模设计	任务二	虎钳的实体造型设计
班级		第　组	成员姓名	

情感反思	通过对本任务的学习和实训，你认为自己在社会主义核心价值观、职业素养、学习和工作态度等方面有哪些需要提高的部分？
知识反思	通过对本任务的学习，你掌握了哪些知识点？请画出思维导图。
技能反思	在完成本任务的学习和实训过程中，你主要掌握了哪些技能？
方法反思	在完成本任务的学习和实训过程中，你主要掌握了哪些分析和解决问题的方法？

完成 V 带轮的造型（图 1-2-35）。

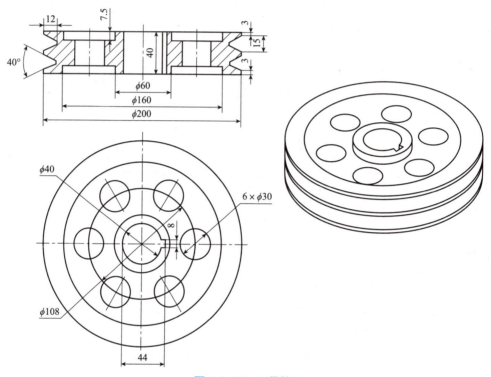

图 1-2-35　V 带轮

（1）进入草图。执行"菜单"→"插入"→"在任务环境中绘制草图"命令；在"平面方法"下拉列表中选择"自动判断"；在图形区，选择"Z-X平面"，单击"确定"按钮。

（2）绘制草图。单击"主页"工具栏"曲线"面板中的"轮廓"按钮，绘制草图曲线（近似）。

（3）尺寸约束、几何约束。用尺寸约束、几何约束获得精准的草图曲线，如图 1-2-36 所示。

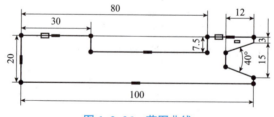

图 1-2-36　草图曲线

（4）草图尺寸约束定位。单击"主页"工具栏"约束"面板中的"快速尺寸"按钮，标注尺寸。

（5）镜像曲线。单击"主页"工具栏"曲线"面板中的"镜像曲线"按钮，选择需要镜像的草图曲线；在"镜像曲线"对话框，单击"选择中心线"按钮；在图形区选择"镜像中心线"，单击"确定"按钮。

（6）退出草图。单击"完成"按钮，完成如图 1-2-37 所示的 V 带轮草图。

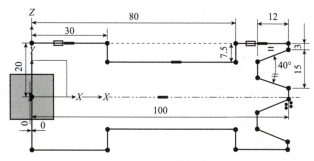

图 1-2-37　V 带轮草图

（7）旋转。单击"主页"工具栏"特征"面板中的"旋转"按钮；选择草图曲线；"轴"选项组中，"指定矢量"选择"C"，"指定点"选择"点对话框"，输入（0，0，0），单击"确定"按钮；"限制"选项组中，"开始"为"值"，"角度"为"0"，"结束"为"值"，"角度"为"360"；"布尔"选项组中，"布尔"为"无"；"偏置"选项组中，"偏置"为"无"；单击"确定"按钮。完成效果如图 1-2-38 所示。

（8）进入草图。单击"主页"工具栏"直接草图"面板中的"草图"按钮；在"平面方法"下拉列表中选择"自动判断"；在图形区选择"X-Y平面"，单击"确定"按钮。

（9）绘制草图。用"轮廓"和"圆弧"命令绘制草图曲线（近似）。

（10）尺寸约束、几何约束。

（11）退出草图。单击"完成"按钮，键槽草图如图 1-2-39 所示。

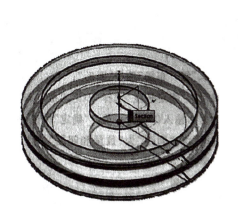

图 1-2-38　旋转带轮

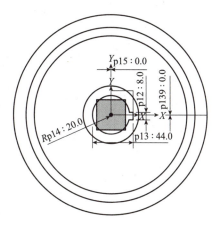

图 1-2-39　键槽草图绘制

（12）拉伸。单击"主页"工具栏"特征"面板中的"拉伸"按钮，选择拉伸曲线（草图曲线）；"方向"选项组中，"指定矢量"选择"ZC"；"限制"选项组中，"结束"为"对称值"，"距离"为"20"；"布尔"选项组中，"布尔"为"减去"；"拔模"选项组中，"拔模"为"无"；"偏置"选项组中，"偏置"为"无"；单击"确定"按钮，如图 1-2-40 所示。

（13）圆拉伸。单击"主页"工具栏"特征"面板中的"拉伸"按钮；选择"绘制截面"；在"平面方法"下拉列表中选择"自动判断"；在图形区选择"X-Y平面"，单击"确定"按钮；绘制草图 $\phi30$ 圆（含约束与定位），单击"完成"按钮；"方向"选项组中，"指定矢量"

选择"ZC";"限制"选项组中,"结束"为"对称值","距离"为"13";"布尔"选项组中,"布尔"为"减去";"拔模"选项组中,"拔模"为"无";"偏置"选项组中,"偏置"为"无";单击"确定"按钮,如图 1-2-41 所示。

图 1-2-40 V 带轮拉伸

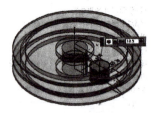

图 1-2-41 圆拉伸

（14）阵列特征。单击"主页"工具栏"特征"面板中的"阵列特征"按钮;选择特征孔 30;"阵列定义"选项组中,"布局"选择"圆形";"旋转轴"选项组中,"指定矢量"选择"ZC","指定点"选择"点对话框",输入（0,0,0）,单击"确定"按钮;"斜角方向"选项组中,"间距"为"数量和间隔","数量"为"6","节距角"为"60";单击"确定"按钮,如图 1-2-42 所示。

图 1-2-42 圆的阵列

课后作业

完成图 1-2-43 和图 1-2-44 所示零件的实体造型设计。

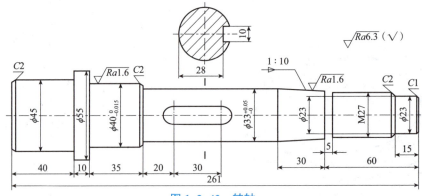

图 1-2-43 转轴

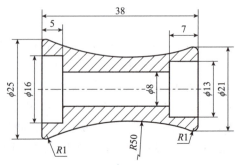

图 1-2-44 腰形轮

学习情境
二

曲面建模设计

学习指南

情境导入

　　某机械零件设计生产公司的设计研发部接到三项生产任务，研发人员需要根据零件图纸或已知的 IGS 线框，使用软件曲面造型的相关命令，完成"鼠标凸模""拉手曲面""8字环"等零件的曲面造型设计，设计后的零件达到图纸要求并且曲面光顺。

学习目标

知识目标

1. 了解曲面分析命令的使用方法。

2. 熟练掌握曲线、曲面建模相关命令的使用方法。

3. 懂得曲面造型的基本思路和流程。

能力目标

1. 能够对曲面零部件进行正确的曲面分区，拟定设计过程。

2. 能够根据曲面形状，选择合适的命令完成曲面造型。

3. 能够学会分析曲面质量，并且能够选择合适的方式优化曲面。

4. 能够熟练使用 CAD/CAM 软件，运用正确的绘图方法和技巧，完成曲面零部件建模。

素质目标

1. 初步树立专业热爱和认同，民族产业自信、自豪及爱国、报国的家国情怀。

2. 初步树立一丝不苟、精益求精的工匠精神和敢于创新、勇于担当的职业素养。

⚙ 工作任务

任务一　鼠标凸模建模设计	参考学时：4 学时（课外 4 学时）
任务二　拉手曲面建模设计	参考学时：4 学时（课外 4 学时）
任务三　8 字环建模设计	参考学时：4 学时（课外 4 学时）

任务一　鼠标凸模建模设计

鼠标凸模建模设计

学习情境二	曲面建模设计	任务一	鼠标凸模建模设计
任务学时		4 学时（课外 4 学时）	
布置任务			
任务目标	1. 根据鼠标曲面的结构形状，完成鼠标曲面分区，拟定设计过程。 2. 根据鼠标曲面的形状及特点，选择正确的命令，完成鼠标曲面造型设计。 3. 掌握相关曲线、曲面建模命令的使用方法		
任务描述	随着计算机系统的广泛普及和应用，鼠标作为计算机系统的周边零部件，也有着广泛的市场应用。鼠标外壳一般是塑料件，生产方式一般是注塑模具，本任务是鼠标凸模建模设计。 　　该凸模零部件是主体外观为光顺曲面的薄壳结构，上表面有孔，壳体内部附有凸台和螺纹孔，整体结构相对复杂，采用实体建模命令无法完成本任务建模设计。 　　通过本任务学习，掌握曲面的基本建模思路和相关曲线、曲面命令的使用方法。 　　鼠标凸模零件图如图 2-1-1 所示。 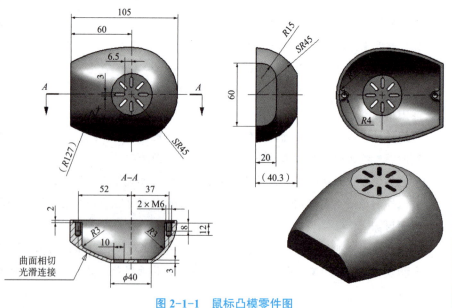 图 2-1-1　鼠标凸模零件图		

学习情境二	曲面建模设计			工作任务一	鼠标凸模建模设计	
任务学时			4 学时（课外 4 学时）			
布置任务						
学时安排	资讯 1 学时	计划 0.5 学时	决策 0.5 学时	实施 1 学时	检查 0.5 学时	评价 0.5 学时
提供资源	1. 鼠标零件图纸。 2. 电子教案、课程标准、多媒体课件、教学演示视频及其他共享数字资源。 3. 鼠标零件模型。 4. 游标卡尺等工具和量具					
对学生学习及成果的要求	1. 具备鼠标凸模零件图的识读能力。 2. 严格遵守实训基地各项管理规章制度。 3. 对比鼠标凸模零件三维模型与零件图，分析结构是否正确，尺寸是否准确。 4. 每位同学均能按照学习导图自主学习，并完成课前自学的问题训练和自学自测。 5. 严格遵守课堂纪律，学习态度认真、端正，能够正确评价自己和同学在本任务中的表现。 6. 每位同学必须积极参与小组工作，承担零件设计过程、零件校验等工作，做到能够积极主动、不推诿，能够与小组成员合作完成工作任务。 7. 每位同学均须独立或在小组同学的帮助下完成任务工作单、工艺文件、三维模型文件。 8. 提交鼠标凸模零件图纸、鼠标凸模零件设计视频等，并提请检查、签认，对提出的建议或错误务必及时修改。 9. 每组必须完成任务工单，并提请教师进行小组评价，小组成员分享小组评价分数或等级。 10. 每位同学均完成任务反思，以小组为单位提交					

学习导图

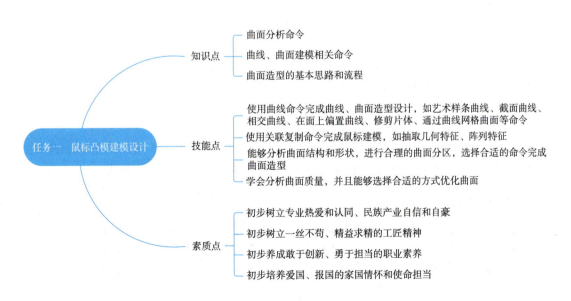

任务一　鼠标凸模建模设计

知识点
- 曲面分析命令
- 曲线、曲面建模相关命令
- 曲面造型的基本思路和流程

技能点
- 使用曲线命令完成曲线、曲面造型设计，如艺术样条曲线、截面曲线、相交曲线、在面上偏置曲线、修剪片体、通过曲线网格曲面等命令
- 使用关联复制命令完成鼠标建模，如抽取几何特征、阵列特征
- 能够分析曲面结构和形状，进行合理的曲面分区，选择合适的命令完成曲面造型
- 学会分析曲面质量，并且能够选择合适的方式优化曲面

素质点
- 初步树立专业热爱和认同、民族产业自信和自豪
- 初步树立一丝不苟、精益求精的工匠精神
- 初步养成敢于创新、勇于担当的职业素养
- 初步培养爱国、报国的家国情怀和使命担当

一、拉伸面

将一条截面曲线沿一定的拉伸方向滑动所形成的曲面，称为拉伸面。执行"菜单"→"插入"→"设计特征"→"拉伸"命令，或单击"主页"工具栏"特征"面板中的"拉伸"按钮，弹出如图2-1-2所示的"拉伸"对话框。图2-1-3所示为绘制一条曲线进行拉伸面操作的效果图。

图 2-1-2 "拉伸"对话框

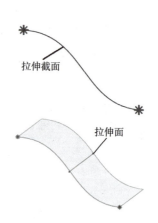

图 2-1-3 拉伸截面和拉伸面

二、直纹面

直纹面可以理解为将两条轮廓曲线（截面线串）用一系列直线连接而成的曲面，其中截面线串可由单个对象（包括曲线、实体边缘或实体面）或多个对象组成。在创建直纹面时，只能使用两组截面线串，这两组截面线串可以封闭，也可以不封闭。另外，构成直纹面的两组剖面线串的走向必须相同，否则曲面将会出现扭曲。执行"菜单"→"插入"→"网格曲面"→"直纹"命令，或者单击"曲面"工具栏"曲面"面板中的"直纹"按钮，弹出如图2-1-4所示的"直纹"对话框。图2-1-5所示为两条截面线串形成的效果图。

三、旋转面

将一条截面曲线沿着某一旋转轴旋转一定的角度就形成了一个旋转面。执行"菜单"→"插入"→"设计特征"→"旋转"命令，或单击"主页"工具栏"特征"面板中的"旋转"按钮，弹出如图2-1-6所示的"旋转"对话框。图2-1-7所示为一条截面曲线绕轴旋转形成的效果图。

图 2-1-4 "直纹"对话框

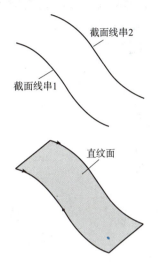

图 2-1-5 截面线串和直纹面

图 2-1-6 "旋转"对话框

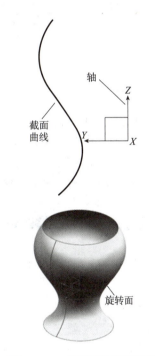

图 2-1-7 旋转面和截面曲线

四、扫掠面

将截面曲线沿着轨迹曲线扫掠而形成的曲面即扫掠面。截面曲线和轨迹曲线可以有多条，截面曲线形状可以不同，可以封闭，也可以不封闭。生成扫掠面时，软件会自动过渡，生成光滑连续的曲面。执行"菜单"→"插入"→"扫掠"→"扫掠"命令，或者单击"曲面"工具栏"曲面"面板中的"扫掠"按钮，弹出如图 2-1-8 所示的"扫掠"对话框。图 2-1-9 所示为一条截面曲线沿着引导线形成的扫掠面效果图。

图 2-1-8 "扫掠"对话框

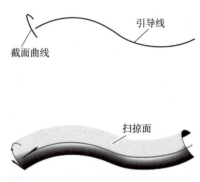

引导线

截面曲线

扫掠面

图 2-1-9 截面曲线、引导线和扫掠面

五、有界平面

有界平面是指在平面内的封闭边界来创建填充曲面。执行"菜单"→"插入"→"曲面"→"有界平面"命令，或者单击"曲面"工具栏"曲面"面板中的"有界平面"按钮，弹出如图 2-1-10 所示的"有界平面"对话框。该对话框主要用来设置选取截面曲线的参数。图 2-1-11 所示为通过"有界平面"命令形成的效果图。

图 2-1-10 "有界平面"对话框

图 2-1-11 有界平面

六、偏置曲面

偏置曲面就是将曲面特征沿某方向偏移一定的距离来创建的曲面，执行"菜单"→"插入"→"偏置/缩放"→"偏置曲面"命令，或单击"曲面"工具栏"曲面工序"面板中的"偏置曲面"按钮，弹出如图 2-1-12 所示的"偏置曲面"对话框。图 2-1-13 所示为原始曲面偏置 50 mm 后形成的偏置曲面效果图。

图 2-1-12 "偏置曲面"对话框

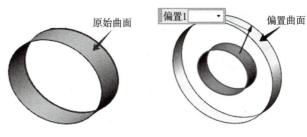

原始曲面

偏置曲面

图 2-1-13 原始曲面和偏置曲面

七、修剪片体

修剪片体命令利用将几何边界通过投影边界轮廓的方式来对曲面进行修剪，以生成修剪曲面。系统根据指定的投影方向，将边界（可以是曲线、实体或曲面边界、基准平面等）投影到目标曲面上，修剪出相应的轮廓。执行"菜单"→"插入"→"修剪"→"修剪片体"命令，或者单击"曲面"工具栏"曲面工序"面板中的"修剪片体"按钮，弹出如图 2-1-14 所示的"修剪片体"对话框。"目标"为要修剪片体的位置，"区域"有"保留"和"放弃"选项，点选目标的位置，配合"选择区域"的"保留"或"放弃"就决定了修剪片体的结果。如图 2-1-15，通过点选"目标"和"边界"能够得到如图 2-1-16 所示的不同结果。

图 2-1-14 "修剪片体"对话框

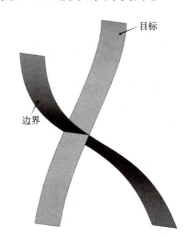

目标

边界

图 2-1-15 目标和边界

图 2-1-16 "保留"与"放弃"的不同结果

八、修剪体

修剪体就是对现有的实体或片体进行切除，留下一部分。执行"菜单"→"插入"→"修剪"→"修剪体"命令，或单击"曲面"工具栏"曲面工序"面板中的"修剪体"按钮，弹出如图 2-1-17 所示的"修剪体"对话框。"目标"为选择要修剪的实体；"工具"为选择用来修剪的曲面或平面。"工具选项"有"面和平面""新建平面"两个选项。"面和平面"选项就是直接选取现有的曲面或平面进行修剪；"新建平面"选项是利用新建面进行修剪，这个新建的面存在于"修剪体"的命令中，只为修剪体服务。新建平面的方式有"自动判断""按某一距离""成某一角度""二等分""曲线和点"等，选用后根据提示即可创建新的平面。图 2-1-18 所示为执行"修剪体"命令的结果。

图 2-1-17 "修剪体"对话框

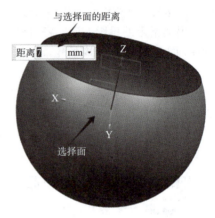

图 2-1-18 执行"修剪体"命令的结果

九、缝合

缝合命令可将两个或更多片体连接成单个新片体。如果这组片体包围一定的体积，则创建一个实体。选定片体的任何缝隙都不能大于指定公差，否则将获得一个片体，不能形成实体。执行"菜单"→"插入"→"组合"→"缝合"命令，或单击"曲面"工具栏"曲面工序"面板中的"缝合"按钮，弹出如图 2-1-19 所示的"缝合"对话框。单击"目标"选项组中的"选择片体"按钮，选择主曲面，单击"工具"选项组中的"选择片体"按钮，选取需要和主曲面合并的曲面，这里可以选取多个曲面，但是必须相连，不能有交叉的曲面。选择完成后，单击"应用"或"确定"按钮，曲面缝合成功。

十、补片

曲面的补片功能就是将片体或实体的面替换为另一个片体的面。执行"菜单"→"插入"→"组合"→"补片"命令，弹出如图 2-1-20 所示的"补片"对话框。使用补片创建实体的一般过程：在绘图区选取所要修补的体特征，选取片体为用于修补的体特征，单击"补片"对话框中的"确定"按钮，完成补片操作。注意：在进行补片操作时，工具片体的所有边缘必须在目标片体的面上，而且工具片体必须在目标片体上创建一个封闭的环，否则系统会提示出错。选择如图 2-1-21 所示的"目标"和"工具"，能够得到如图 2-1-22 所示的补片结果。

图 2-1-19 "缝合"对话框

图 2-1-20 "补片"对话框

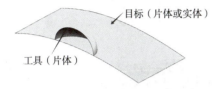

图 2-1-21 "目标"和"工具"的选择

图 2-1-22 补片结果

十一、抽取几何特征

"抽取几何特征"命令可以从现有对象中抽取几何特征来创建关联或非关联体、点、曲线或基准。执行"菜单"→"插入"→"关联复制"→"抽取几何特征"命令，或单击"曲面"工具栏"曲面工序"面板中的"抽取几何特征"按钮，弹出如图 2-1-23 所示的"抽取几何特征"对话框。

"类型"下拉列表中可选取以下选项：

（1）"复合曲线"：创建从曲线或边抽取的曲线。

（2）"点"：抽取点的副本。

（3）"基准"：抽取基准平面、基准轴或基准坐标系的副本。

（4）"面"：抽取体的选定面的副本。

（5）"面区域"：抽取一组相连的面的副本。

（6）"体"：抽取整个体的副本。

（7）"镜像体"：抽取跨基准平面镜像的整个体的副本。

图 2-1-23 "抽取几何特征"对话框

自学自测

根据零件图纸，完成图 2-1-24 所示雨伞的造型设计。

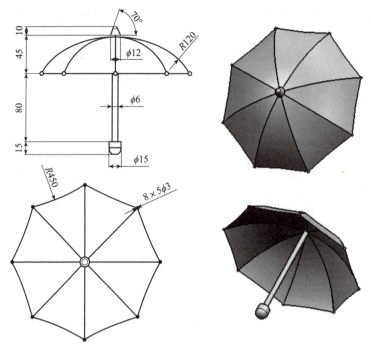

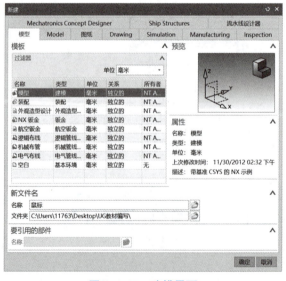

图 2-1-24　雨伞造型设计

任务实施

1. 新建文件

打开 UG NX 10.0 软件，在建模界面，选择新建"模型"，建立新文件名，如图 2-1-25 所示。

鼠标凸模建
模设计

图 2-1-25　建模界面

2. 绘制草图

执行"菜单"→"插入"→"草图"命令，或在工具栏中单击"草图"按钮，选择 *XOY* 平面创建草图。

执行"菜单"→"插入"→"草图曲线"→"圆"命令，或单击"草图"工具栏中的"圆"按钮，绘制 *R*45 圆；执行"菜单"→"插入"→"草图曲线"→"圆弧"命令，或单击"草图"工具栏中的"圆弧"按钮，绘制 *R*127 圆弧；执行"菜单"→"插入"→"草图约束"→"尺寸"→"快速"命令，或单击"草图"工具栏中的"快速尺寸"按钮，绘制如图 2-1-26 所示的草图。

执行"矩形"和"圆角"命令，完成图 2-1-27 和图 2-1-28 所示的草图绘制。结果如图 2-1-29 所示。

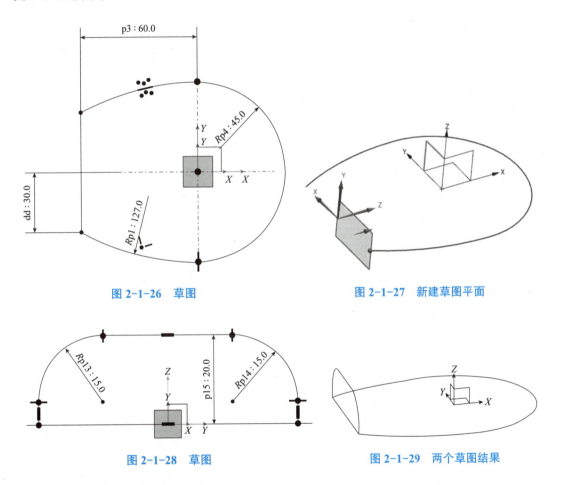

图 2-1-26　草图　　　　　　　　　　图 2-1-27　新建草图平面

图 2-1-28　草图　　　　　　　　　　图 2-1-29　两个草图结果

3. 创建球体

执行"菜单"→"插入"→"设计特征"→"球"命令，弹出如图 2-1-30 所示的"球"对话框，"类型"选择"中心点和直径"，"中心点"选择（0，0，0），"直径"输入"90"，得到图 2-1-31 所示的球体。

图 2-1-30 "球"对话框

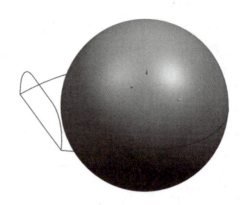

图 2-1-31 球体

4.复制球面

执行"菜单"→"插入"→"关联复制"→"抽取几何特征"命令，或单击"曲面"工具栏中的"抽取几何特征"按钮，弹出图 2-1-32 所示的"抽取几何特征"对话框。"类型"选择"面"，"面"选择"球体"，勾选"隐藏原先的"复选框，则球体被隐藏，留下球曲面。

5.修剪片体

执行"菜单"→"插入"→"修剪"→"修剪片体"命令，或在"曲面"工具栏中单击"修剪片体"按钮，弹出图 2-1-33 所示的"修剪片体"对话框。"目标"选择"球面"，"边界"选择 XOY 平面，"投影方向"选择"垂直于面"，确定后结果如图 2-1-34 所示。

图 2-1-32 "抽取几何特征"对话框

图 2-1-33 "修剪片体"对话框

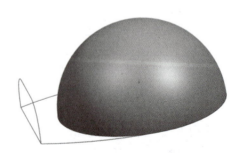

图 2-1-34 修剪结果

6.相交曲线

执行"菜单"→"插入"→"派生曲线"→"相交"命令，或在"曲面"工具栏中单击

"相交曲线"按钮，弹出如图 2-1-35 所示的"相交曲线"对话框。"第一组"选择"半球面"，"第二组"的"指定平面"选择"按某一距离"，输入距离为"40.3"，如图 2-1-36 所示，确定后得到图 2-1-37 所示的相交曲线。

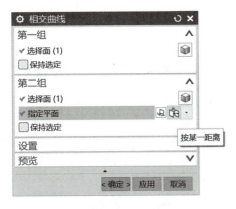

图 2-1-35 "相交曲线"对话框

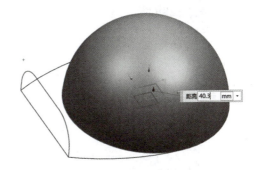

图 2-1-36 "指定平面"选择

7. 相交曲线

执行"菜单"→"插入"→"派生曲线"→"相交"命令，或在"曲面"工具栏中单击"相交曲线"按钮，弹出如图 2-1-35 所示的"相交曲线"对话框。"第一组"选择"半球面"，"第二组"选择 *XOZ* 平面，确定后得到图 2-1-38 所示的相交曲线。

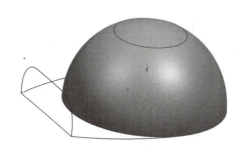

图 2-1-37 相交曲线结果 1

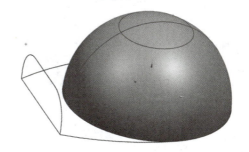

图 2-1-38 相交曲线结果 2

8. 复制曲线

执行"菜单"→"插入"→"关联复制"→"抽取几何特征"命令，或在"曲面"工具栏中单击"抽取几何特征"按钮，弹出如图 2-1-39 所示的"抽取几何特征"对话框。"类型"选择"复合曲线"，"曲线"选择步骤 7 得到的相交曲线，单击"确定"按钮即可。

9. 修剪体

执行"菜单"→"插入"→"修剪"→"修剪体"命令，或在"曲面"工具栏中单击"修剪体"按钮，弹出如图 2-1-40 所示的"修剪体"对话框。"目标"选择"半球面"，"工具"选择 *YOZ* 平面，确定后得到如图 2-1-41 所示的修剪体结果。

10. 截面曲线

执行"菜单"→"插入"→"派生曲线"→"截面"命令，或在"曲线"工具栏中单击

"截面曲线"按钮，弹出如图 2-1-42 所示的"截面曲线"对话框，"要剖切的对象"选择如图 2-1-43 所示的曲线 1、曲线 2 和曲面 3，"剖切平面"选择 *XOZ* 平面，确定后得到图 2-1-44 所示的两个点和一条曲线的结果。

图 2-1-39 "抽取几何特征"对话框

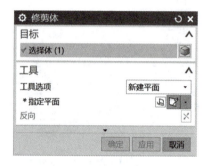

图 2-1-40 "修剪体"对话框

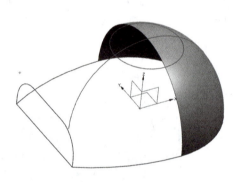

图 2-1-41 修剪体结果

图 2-1-42 "截面曲线"对话框

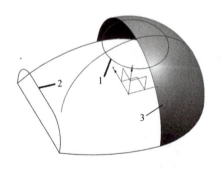

图 2-1-43 要剖切的对象

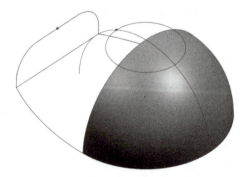

图 2-1-44 截面曲线结果

11. 艺术样条曲线

执行"菜单"→"插入"→"曲线"→"艺术样条"命令，或在"曲线"工具栏中单击

"艺术样条"按钮，弹出如图 2-1-45 所示的"艺术样条"对话框，选择上一步截面曲线得到的两个点，以及截面曲线端点作为艺术样条曲线的三个点，并且在曲线端点处选择 G1 相切约束，得到如图 2-1-46 所示的艺术样条曲线。

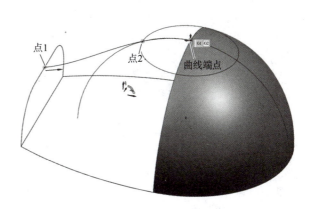

图 2-1-45 "艺术样条"对话框　　　　图 2-1-46 艺术样条曲线

12. 通过曲线网格曲面

执行"菜单"→"插入"→"网格曲面"→"通过曲线网格"命令，或在"曲面"工具栏中单击"通过曲线网格"按钮，弹出如图 2-1-47 所示的"通过曲线网格"对话框。

"主曲线"和"交叉曲线"选择如图 2-1-48 所示。注意：每选好一条曲线后，一定要单击鼠标中键后再选择下一条曲线。

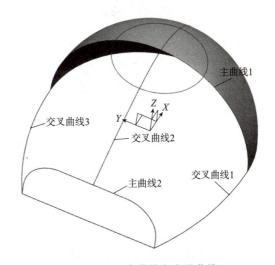

图 2-1-47 "通过曲线网格"对话框　　　　图 2-1-48 主曲线和交叉曲线

"连续性"选项组中"第一主线串"选择"相切"，提示选择和主曲线 1 相切的曲面，选择半球面作为相切面。

"设置"选项组中"体类型"选择"片体"，确定后得到如图 2-1-49 所示的曲面。

13. 修剪体

执行"菜单"→"插入"→"修剪"→"修剪体"命令，或在"曲面"工具栏中单击"修剪体"按钮。"目标"选择"现有曲面"，"工具"选择"新建平面"，单击 *XOY* 平面，沿 *Z* 轴正方向输入"40.3"的距离，得到如图 2-1-50 所示的结果。

图 2-1-49　通过曲线网格结果

图 2-1-50　修剪体结果

14. 有界平面

执行"菜单"→"插入"→"曲面"→"有界平面"命令，或在"曲面"工具栏中单击"有界平面"按钮，弹出如图 2-1-51 所示的"有界平面"对话框。选择顶部修剪后曲线轮廓，单击"应用"按钮，选择"侧面轮廓"，单击"应用"按钮，再次选择"底面轮廓"，单击"应用"按钮，确定后得到如图 2-1-52 所示的结果。

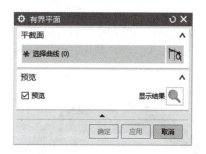

图 2-1-51　"有界平面"对话框

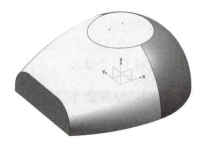

图 2-1-52　有界平面结果

15. 缝合曲面

执行"菜单"→"插入"→"组合"→"缝合"命令，或在"曲面"工具栏中单击"缝合"按钮。"目标"选择"顶部平面"，"工具"选择"其他所有曲面"即可。缝合后的曲面已经实体化。

16. 抽壳

执行"菜单"→"插入"→"偏置/缩放"→"抽壳"命令，或在"特征"工具栏中单击"抽壳"按钮。弹出如图 2-1-53 所示的"抽壳"对话框。"类型"选择"移除面，然后抽壳"，"要穿透的面"选择"底部平面"，"厚度"输入"3"，得到如图 2-1-54 所示的结果。

17. 拉伸切除顶部凹槽

（1）执行"菜单"→"插入"→"设计特征"→"拉伸"命令，或在"特征"工具栏中单击"拉伸"按钮；选择顶部平面作为草图绘制平面。

（2）绘制如图2-1-55所示的草图。

（3）拉伸方向为Z轴负方向，"距离"为"3"，"布尔"选择"求差"，选择整个壳体，得到如图2-1-56所示的拉伸结果。

图 2-1-53　"抽壳"对话框

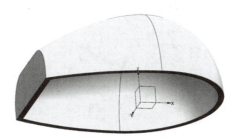

图 2-1-54　抽壳结果

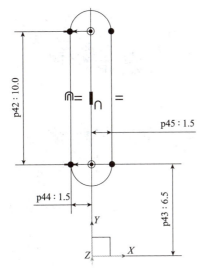

图 2-1-55　草图

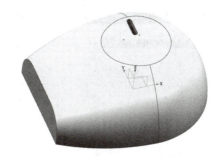

图 2-1-56　拉伸结果

18. 阵列特征

执行"菜单"→"插入"→"关联复制"→"阵列特征"命令，或在"特征"工具栏中单击"阵列特征"按钮，弹出如图2-1-57所示的"阵列特征"对话框。

"要形成阵列的特征"选择拉伸切除的凹槽，"阵列定义"选项组中"布局"选择"圆形"，"旋转轴"选择Z轴，"指定点"为（0，0，0），"角度方向"选项组中"数量"输入"8"，"节距角"输入"360/8"，确定后可得阵列结果，如图2-1-58所示。

19. 拉伸壳体内部凸台

执行"菜单"→"插入"→"设计特征"→"拉伸"命令，或在"特征"工具栏中单击"拉伸"按钮。

在弹出的"拉伸"对话框中，单击"绘制截面"按钮，弹出如图2-1-59所示的"创建草图"对话框，"平面方法"选择"创建平面"，单击XOY平面，沿Z轴正方向输入"2"，进入草图绘制，完成如图 2-1-60 所示的草图。

图 2-1-57 "阵列特征"对话框

图 2-1-58 阵列结果

图 2-1-59 "创建草图"对话框

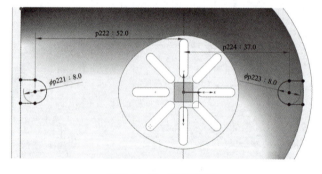

图 2-1-60 拉伸草图

返回到"拉伸"对话框，"方向"为 Z 轴正方向，"结束"选择"直至下一个"，"布尔"选择与壳体"求和"，即可得到如图 2-1-61 所示结果。

20. 孔特征

执行"菜单"→"插入"→"设计特征"→"孔"命令，或在"特征"工具栏中单击"孔"按钮，弹出如图 2-1-62 所示的"孔"对话框。

"类型"选择"螺纹孔"，"位置"选项组中"指定点"选择"拉伸凸台两个 R4 的圆心"，"形状和尺寸"选项组中"螺纹尺寸"下的"大小"选择"M6×1.0"，"螺纹深度"输入"8"，"深度"代表的是孔深度，输入"12"，确定后可得到如图 2-1-63 所示的螺纹孔。

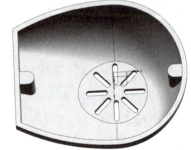

图 2-1-61 拉伸结果

图 2-1-62　"孔"对话框

图 2-1-63　螺纹孔结果

21. 倒圆角

执行"菜单"→"插入"→"细节特征"→"边倒圆"命令，或在"特征"工具栏中单击"边倒圆"按钮，弹出"边倒圆"对话框。输入半径"3"，选择需要倒圆角的棱边，确定即可得到如图 2-1-64 所示的结果。

鼠标凸模实体结果如图 2-1-65 所示。

图 2-1-64　边倒圆结果

图 2-1-65　鼠标凸模实体结果

素质拓展

决胜毫厘　匠心助力"中国速度"

"中共二十大代表""2022 年大国工匠年度人物""全国五一劳动奖章获得者""全国优秀

共产党员""国家级技能大师工作室负责人""广西汽车集团有限公司首席技能专家"——郑志明。

1997年，郑志明以钳工学徒的身份进入广西汽车集团有限公司以后，认真钻研钳工技能，他利用手工锉削可将零件尺寸控制在 0.005 mm 以内，手工画线钻孔，孔的位置度误差可控制在 0.04 mm 以内。同时，他挤出时间自学 UG 三维建模技术，积极参与企业产业升级。

他参与设计改造数控镗孔专用机床，通过改造夹具，成功地把 2 道工序合并成 1 道工序，合并工序后不但减少了轴承座工段的一个人工成本，而且减少了一台专用镗床所花的维修费、电、气、油等消耗的费用。

他参与了将 111 轴承座专机流水线改造为 N1 轴承座专机流水线的工作，使 6 台加工 111 轴承座的专机变成了加工 N1 轴承座的专用机床，改造后的产能由原来 550 台 / 天提升至 960 台 / 天。他参与后桥异响和噪声改进项目，并担任该项目的主要攻关负责人，在项目实施过程中设计并自行制造出噪声检测设备，压装减速器压装工装，把原来的手工锤装方式改为工装压装的方式，成功解决了五菱汽车开始生产以来一直存在的异响问题。

他参与设计并实施完成的创新项目获得过 6 项广西重工业先进工艺工装成果、优秀设备改造成果一等奖，6 项广西重工业先进工艺工装成果、优秀设备改造成果二等奖，以及 3 项广西重工业先进工艺工装成果、优秀设备改造成果三等奖。

2013年，公司接到"五菱宏光"后桥总成开发任务。从直径为 190 mm 的孔内放入多个液压压头来反压特种螺栓成了开发项目中的难题。该后桥减速器安装部位需从桥包内部反压入 9 颗特种螺栓，螺栓与桥壳上的孔的配合属于过盈配合，需要 1.5 t 力才能压入，而桥壳上的安装孔直径只有 190 mm。方法总比困难多，面对难题，郑志明没有皱一下眉头。他反反复复研究产品结构，利用 UG 技术一次次建模匹配，白天建模匹配，晚上查找资料，睡觉都想着怎么解决问题。功夫不负有心人，通过反复研究论证，郑志明提出 5 缸多级旋转串联油缸体，利用该机构通过两次旋转压装便可解决 9 颗特种螺栓的反压装问题。该设备仅用 2 个多月的时间就制造完成，并完美实现后桥壳特种螺栓的压装。目前，该技术已被广泛运用到各个车型的后桥，为"五菱宏光"车成为"神车"做出巨大贡献。

2014年以郑志明命名的"国家级技能大师工作室"正式挂牌成立，2014年至今工作室成员共完成工艺装备自主研制项目 351 个，交付使用工艺、工程装备共 582 台套。

不惧挑战，立足岗位，以技能促生产，是郑志明一向的工作作风。他带领工作室成员接下了公司 CN180 副车架新产品开发项目。郑志明和他的工作室成员经过认真分析图纸和数模、反复计算测试数据、建模匹配零件，大胆采用各种定位夹紧方式，设计制作大型双工位、三工位旋转变位机匹配点焊机器人、弧焊机器人及自动机械手等各种方法，并进行反复试焊、检测、调整。通过 4 个多月的努力，完成了整条 CN180 副车架生产线的开发与优化。

2017年，车桥厂需要制造一条后桥壳自动化焊接生产线。该生产线由气密性检测、液压调直、机加工、机器人工作站、环焊专机等多种复杂设备组成。要求新生产线自动化程度达到 80% 以上，比原生产线减少操作岗位 40% 以上。郑志明与团队经过多次评审、优化、讨论、验证，最终拿出自动化生产线的整体数模和方案，顺利完成这项艰巨的任务。目前，该线是国内唯一一条我国自主研发的微车自动化后桥壳焊接生产线，填补了国内自动化后桥壳焊接生产线的空白。

鼠标凸模建模设计工作单

计划单

学习情境二	曲面建模设计		任务一	鼠标凸模建模设计
工作方式	组内讨论、团结协作，共同制订计划； 小组成员进行工作讨论，确定工作步骤		计划学时	0.5 学时
完成人	1.　　　　　　　　2. 4.　　　　　　　　5.		3. 6.	

计划依据：鼠标凸模零件图

序号	计划步骤	具体工作内容描述
1	准备工作 （准备软件、图纸、工具、量具，谁去做？）	
2	组织分工 （成立组织，人员具体都完成什么？）	
3	制订造型设计过程方案 （先设计什么？再设计什么？最后完成什么？）	
4	鼠标凸模建模设计 （设计前准备什么？使用哪些命令？设计参数如何输入？如何完成设计？设计过程中发现哪些问题？如何解决？）	
5	整理资料 （谁负责？整理什么？）	
制订计划 说明	（写出组内成员完成任务的主要建议或可以借鉴的建议、需要解释的某一方面）	

决策单

学习情境二	曲面建模设计		任务一	鼠标凸模建模设计
决策学时			0.5 学时	

决策目的：鼠标凸模建模设计方案对比分析，比较设计质量、设计时间、设计成本等

	方案组员	设计的可行性（设计质量）	设计的合理性（设计时间）	设计的经济性（设计成本）	综合评价
设计方案对比	1				
	2				
	3				
	4				
	5				
	6				
决策评价	结果：（根据组内成员设计方案对比分析，对自己的设计方案进行修改并说明修改原因，最后确定一个最佳方案）

检查单

学习情境二	曲面建模设计	任务一	鼠标凸模建模设计
评价学时		课内 0.5 学时	第　组
检查目的及方式	教师监控小组的工作情况，如果检查等级为不合格，则小组需要整改，并拿出整改说明		

序号	检查项目	检查标准	检查结果分级（在检查相应的分级框内划"√"）				
			优秀	良好	中等	合格	不合格
1	准备工作	资源是否已查到，材料是否准备完整					
2	分工情况	安排是否合理、全面，分工是否明确					
3	工作态度	小组工作是否积极主动、全员参与					
4	纪律出勤	是否按时完成负责的工作内容、遵守工作纪律					
5	团队合作	是否相互协作、互相帮助，成员是否听从指挥					
6	创新意识	任务完成不照搬照抄，看问题具有独到见解、创新思维					
7	完成效率	工作单是否记录完整，是否按照计划完成任务					
8	完成质量	工作单填写是否准确，设计过程、尺寸公差是否达标					
检查评语			教师签字：				

任务评价

小组工作评价单

学习情境二	曲面建模设计	任务一	鼠标凸模建模设计

评价学时	课内 0.5 学时
班级：	第　　组

考核情境	考核内容及要求	分值（100）	小组自评（10%）	小组互评（20%）	教师评价（70%）	实得分（∑）
汇报展示（20）	演讲资源利用	5				
	演讲表达和非语言技巧应用	5				
	团队成员补充配合程度	5				
	时间与完整性	5				
质量评价（40）	工作完整性	10				
	工作质量	5				
	报告完整性	25				
团队情感（25）	社会主义核心价值观	5				
	创新性	5				
	参与率	5				
	合作性	5				
	劳动态度	5				
安全文明（10）	工作过程中的安全保障情况	5				
	工具正确使用和保养、放置规范	5				
工作效率（5）	能够在要求的时间内完成，每超时 5 分钟扣 1 分	5				

小组成员素质评价单

学习情境二		曲面建模设计		任务一		鼠标凸模建模设计	
班级		第　组		成员姓名			
评分说明		每个小组成员评价分为自评和小组其他成员评价两部分，取平均值计算，作为该小组成员的任务评价个人分数。评价项目共设计5个，依据评分标准给予合理量化打分。小组成员自评分后，要找小组其他成员以不记名方式打分					

评分项目	评分标准	自评分	成员1评分	成员2评分	成员3评分	成员4评分	成员5评分
核心价值（20分）	是否有违背社会主义核心价值观的思想及行动						
工作态度（20分）	是否按时完成负责的工作内容并遵守纪律，是否积极主动参与小组工作，是否全过程参与，是否吃苦耐劳，是否具有工匠精神						
交流沟通（20分）	是否能良好地表达自己的观点，是否能倾听他人的观点						
团队合作（20分）	是否与小组成员合作完成任务，做到相互协作、互相帮助、听从指挥						
创新意识（20分）	看问题是否能独立思考，提出独到见解，是否能够用创新思维解决遇到的问题						
小组成员最终得分							

课后反思

学习情境二	曲面建模设计	任务一	鼠标凸模建模设计
班级	第　组	成员姓名	

情感反思	通过对本任务的学习和实训，你认为自己在社会主义核心价值观、职业素养、学习和工作态度等方面有哪些需要提高的部分？
知识反思	通过对本任务的学习，你掌握了哪些知识点？请画出思维导图。
技能反思	在完成本任务的学习和实训过程中，你主要掌握了哪些技能？
方法反思	在完成本任务的学习和实训过程中，你主要掌握了哪些分析和解决问题的方法？

任务描述：根据图 2-1-66 所示的图纸，完成金元宝三维实体建模。

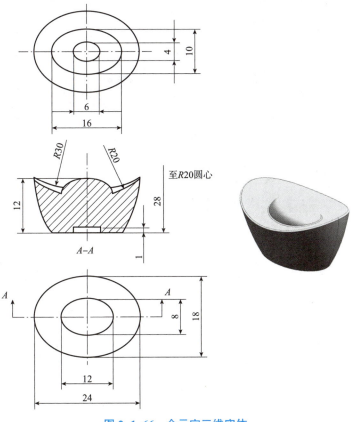

图 2-1-66　金元宝三维实体

1. 新建文件

打开 UG NX 10.0 软件，在建模界面，选择新建模型，建立新文件名，如图 2-1-67 所示。

2. 绘制草图

（1）执行"菜单"→"插入"→"草图"命令，或在工具栏中单击"草图"按钮，选择 *XOY* 平面创建草图。

执行"菜单"→"插入"→"草图曲线"→"椭圆"命令，或在"草图"工具栏中单击"椭圆"按钮，弹出如图 2-1-68 所示的"椭圆"对话框。"中心"选择坐标原点，"大半径"输入"3"，"小半径"输入"2"，单击"应用"按钮后，继续选择坐标原点为"中心"，"大半径"输入"8"，"小半径"输入"5"，再次单击"应用"按钮，继续选择坐标原点为"中心"，"大半径"输入"12"，"小半径"输入"9"，确定后得到如图 2-1-69 所示的三个椭圆，单击"完成草图"按钮，结束该草图的绘制。

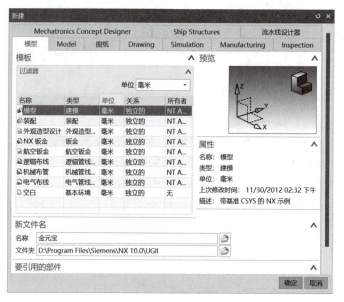

图 2-1-67　建模界面

图 2-1-68　"椭圆"对话框

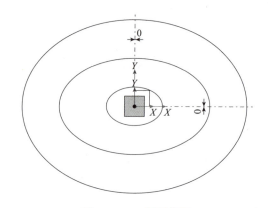

图 2-1-69　椭圆草图

（2）执行"菜单"→"插入"→"草图"命令，或在工具栏中单击"草图"按钮，选择 XOZ 平面创建草图。

执行"菜单"→"插入"→"草图曲线"→"圆弧"命令，或在"草图"工具栏中单击"圆弧"按钮，弹出如图 2-1-70 所示的"圆弧"对话框。默认"三点定圆弧"的圆弧绘制方式，任选三点绘制圆弧。

执行"菜单"→"插入"→"草图约束"→"设为对称"命令，或在"草图"工具栏中单击"设为对称"按钮，弹出如图 2-1-71 所示的"设为对称"对话框。"主对象"选择"圆弧其中一端点"，"次对象"选择"圆弧另一端点"，"对称中心线"选择 Z 轴。

执行"菜单"→"插入"→"草图约束"→"尺寸"→"快速"命令，或在"草图"工具栏中单击"快速尺寸"按钮，弹出如图 2-1-72 所示的"快速尺寸"对话框，完成如图 2-1-73 所示的圆弧尺寸。

图 2-1-70 "圆弧"对话框

图 2-1-71 "设为对称"对话框

图 2-1-72 "快速尺寸"对话框

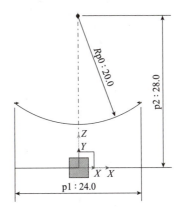

图 2-1-73 圆弧尺寸

执行"菜单"→"插入"→"草图曲线"→"圆弧"命令，或在"草图"工具栏中单击"圆弧"按钮。默认"三点定圆弧"的圆弧绘制方式，起点和终点同上一圆弧重合，并标注该圆弧尺寸，得到如图 2-1-74 所示的两段圆弧，完成该草图的绘制。

3. 组合投影曲线

执行"菜单"→"插入"→"派生曲线"→"组合投影"命令，或在"曲线"工具栏中单击"组合投影"按钮，弹出如图 2-1-75 所示的"组合投影"对话框。如图 2-1-76 所示曲线 1 选择底部大半径为 12、小半径为 9 的大椭圆，曲线 2 选择半径为 30 的圆弧，确定后得到如图 2-1-77 所示的曲线。

4. 截面曲线

执行"菜单"→"插入"→"派生曲线"→"截面"命令，或在"曲线"工具栏中单击"截面曲线"按钮，"要剖切的对象"选择"底部大半径为 8、小半径为 5 的椭圆"，"剖切平面"选择 XOZ 平面，确定后得到椭圆曲线和 XOZ 平面的两个交点。

5. 绘制草图

（1）执行"菜单"→"插入"→"草图"命令，或在工具栏中单击"草图"按钮，选择 XOZ 平面创建草图。

（2）执行"菜单"→"插入"→"草图曲线"→"艺术样条"命令，或在"草图"工具栏中单击"艺术样条"按钮，弹出如图 2-1-78 所示的"艺术样条"对话框。"类型"默认"根据极点"，"极点位置"第一点选择 R20 和 R35 两圆弧的交点，第二点选择符合曲线形状的合适位置，第三点选择步骤 4 的交点，得到样条曲线。拖曳第二点位置可以改变艺术样条曲线的形状，使其接近图纸形状。"参数化"选项组下"次数"输入"2"。

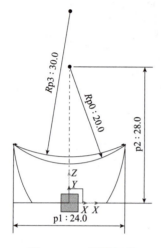

图 2-1-74　圆弧尺寸

图 2-1-75　"组合投影"对话框

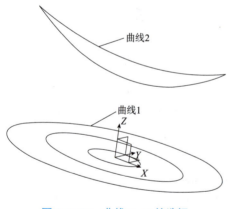

图 2-1-76　曲线 1、2 的选择

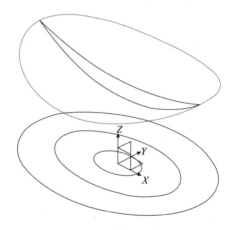

图 2-1-77　"组合投影"曲线

（3）执行"菜单"→"插入"→"草图曲线"→"镜像曲线"命令，或在"草图"工具栏中单击"镜像曲线"按钮，弹出如图 2-1-79 所示的"镜像曲线"对话框。"要镜像的曲线"选择上一步的艺术样条曲线，"中心线"选择 Z 轴，确定并完成该草图绘制后得到如图 2-1-80 所示的曲线。

6. 拉伸曲面

在"特征"工具栏中单击"拉伸"按钮，弹出"拉伸"对话框，选择两条样条曲线为拉伸对象；拉伸方向为 Y 轴负方向，拉伸长度为 3，"设置"选项组中"体类型"选择"片体"，拉伸结果如图 2-1-81 所示。

图 2-1-78　"艺术样条"对话框

图 2-1-79　"镜像曲线"对话框

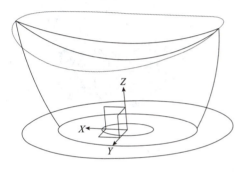

图 2-1-80　镜像结果

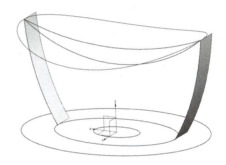

图 2-1-81　拉伸曲面

7. 通过曲线网格曲面

执行"菜单"→"插入"→"网格曲面"→"通过曲线网格"命令，或在"曲面"工具栏中单击"通过曲线网格"按钮，弹出"通过曲线网格"对话框。

主曲线 1 选择上面组合投影曲线后单击鼠标中键，主曲线 2 选择底部椭圆，交叉曲线 1 选择样条曲线后单击鼠标中键，交叉曲线 2 选择另一条样条曲线后单击鼠标中键，如图 2-1-82 所示。

"连续性"选项组中"第一交叉线串"选择"相切"，提示选择和交叉曲线 1 相切的曲面，选择交叉曲线 1 接触的拉伸面作为相切面。"最后交叉线串"选择"相切"，提示选择和交叉曲线 2 相切的曲面，选择交叉曲线 2 接触的拉伸面作为相切面，确定后结果如图 2-1-83 所示。

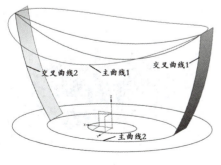

图 2-1-82　主曲线和交叉曲线

图 2-1-83　通过曲线网格曲面

8. 隐藏拉伸曲面

在"视图"工具栏中单击"隐藏"按钮，或者按［Ctrl+B］键，弹出"类选择"对话框，选中拉伸曲面，单击"确定"按钮后拉伸曲面被隐藏。

9. 镜像曲面

执行"菜单"→"插入"→"关联复制"→"抽取几何特征"命令，或在"曲面"工具栏中单击"抽取几何特征"按钮，弹出如图 2-1-84 所示的"抽取几何特征"对话框。"类型"选择"镜像体"，"选择体"选择"通过曲线网格曲面"，"镜像平面"选择 XOZ 平面，确定后得到如图 2-1-85 所示的结果。

图 2-1-84　"抽取几何特征"对话框　　　　图 2-1-85　镜像曲面结果

10. N 边曲面

执行"菜单"→"插入"→"网格曲面"→"N 边曲面"命令，或在"曲面"工具栏中单击"N 边曲面"按钮，弹出如图 2-1-86 所示的"N 边曲面"对话框。"类型"选择"已修剪"，"外环"选择"组合曲线"，"约束面"选项组"UV 方位"下"内部曲线"选择 $R20$ 的圆弧，如图 2-1-87 所示，"设置"选项组中勾选"修剪到边界"复选框，确定后得到如图 2-1-88 所示的结果。

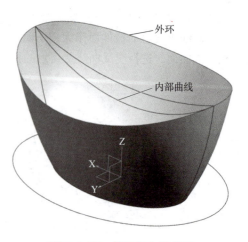

图 2-1-86　"N 边曲面"对话框　　　　图 2-1-87　外环和内部曲线

11. 有界平面

执行"菜单"→"插入"→"曲面"→"有界平面"命令，或在"曲面"工具栏中单击"有界平面"按钮，弹出"有界平面"对话框。选择"底部椭圆轮廓"，确定后得到如图 2-1-89 所示的结果。

图 2-1-88　N 边曲面结果

图 2-1-89　有界平面

12. 绘制草图

（1）执行"菜单"→"插入"→"草图"命令，或在工具栏中单击"草图"按钮，选择 *XOZ* 平面创建草图，显示模式切换为线框模式。

（2）执行"菜单"→"插入"→"草图曲线"→"椭圆"命令，或在"草图"工具栏中单击"椭圆"按钮。"中心"输入"0，0，8"，"大半径"输入"6"，"小半径"输入"4"，并修剪得到如图 2-1-90 所示的草图，单击"完成草图"按钮，结束该草图的绘制。

13. 缝合曲面

执行"菜单"→"插入"→"组合"→"缝合"命令，或在"曲面"工具栏中单击"缝合"按钮。"目标"选择"底部椭圆曲面"，"工具"选择"其他所有曲面"即可。缝合后的曲面已经实体化。

14. 旋转实体

执行"菜单"→"插入"→"设计特征"→"旋转"命令，或在"特征"工具栏中单击"旋转"按钮，弹出如图 2-1-91 所示的"旋转"对话框，"截面"选择大半径为 6、小半径为 4 的半椭圆，"轴"选项中的"指定矢量"选择草图中长度为 12 的直线，"布尔"选择"求和"，旋转椭圆结果如图 2-1-92 所示。

15. 拉伸切除底部凹槽

在"特征"工具栏中单击"拉伸"按钮，弹出"拉伸"对话框，选择底部最小椭圆；拉伸方向为 Z 轴方向，拉伸长度为 1，"布尔"选择"求差"，拉伸结果如图 2-1-93 所示。

16. 细节特征

（1）隐藏曲线和片体。在"视图"工具栏中单击"显示和隐藏"按钮，或按［Ctrl+W］键，弹出"显示和隐藏"对话框，"片体""曲线""坐标系"分别单击减号隐藏。

（2）倒圆角。执行"菜单"→"插入"→"细节特征"→"边倒圆"命令，或在"特征"工具栏中单击"边倒圆"按钮，弹出如图 2-1-94 所示的"边倒圆"对话框。输入半径"0.2"，选择需要倒圆角的棱边，单击"确定"按钮，即可得到如图 2-1-95 所示的结果。

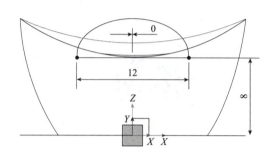

图 2-1-90　椭圆草图

图 2-1-91　"旋转"对话框

图 2-1-92　旋转椭圆结果

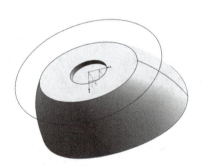

图 2-1-93　拉伸切除底部凹槽

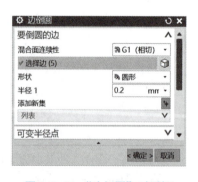

图 2-1-94　"边倒圆"对话框

图 2-1-95　金元宝实体结果

 课后作业

根据小勺零件图（图 2-1-96），完成小勺实体造型设计。

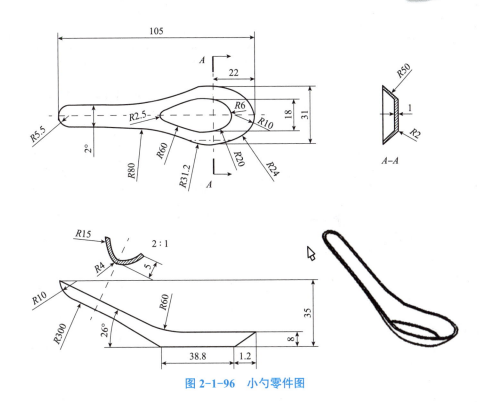

图 2-1-96　小勺零件图

任务二　拉手曲面建模设计

任务工单

学习情境二	曲面建模设计	任务二	拉手曲面建模设计
任务学时		4 学时（课外 4 学时）	
布置任务			
任务目标	1. 分析拉手曲面形状及特点，能够进行正确的曲面分区。 2. 根据曲面分区结果和形状特点，拟定拉手曲面的设计过程。 3. 能够选择正确的曲线、曲面命令，完成曲线绘制和曲面建模。 4. 学会判断曲面中存在的收敛点，并且能够进行曲面优化。 5. 能够创建高质量曲面并生成实体		
任务描述	生产生活中有大量的曲面类零部件，本任务以拉手零部件为例，讲解曲面建模思路及相关曲线、曲面命令的正确使用		

学习情境二	曲面建模设计	任务二	拉手曲面建模设计
任务学时		4 学时（课外 4 学时）	

布置任务

任务描述	本任务要求根据如图 2-2-1 所示的拉手零部件 IGS 曲线，完成如图 2-2-2 所示的拉手零部件建模，拉手零部件是一个表面光顺的曲面零部件，采用传统的实体建模命令难以完成，该零部件结构上前后对称、左右对称，进行合理的曲面分区后，考虑利用镜像命令完成整个零部件的建模。 　　曲线质量决定了曲面质量和光顺度，曲面的质量和光顺度直接决定了曲面能否实体化，以及整个零部件的结构形状和质量。因此，在任务完成过程中要充分考虑曲线、曲面的约束方法，学会判断曲面质量，能够绘制高质量的曲线和曲面，并且能够进行曲面优化，从而完成高质量曲面建模 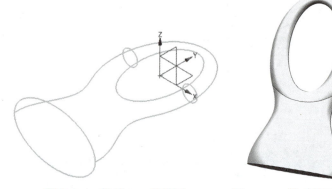 图 2-2-1　拉手 IGS 线框图　　　图 2-2-2　拉手曲面造型图

学时安排	资讯 1 学时	计划 0.5 学时	决策 0.5 学时	实施 1 学时	检查 0.5 学时	评价 0.5 学时

提供资源	1. 拉手零部件的 IGS 曲线文件。 2. 电子教案、课程标准、多媒体课件、教学演示视频及其他共享数字资源。 3. 拉手零部件建模结果文件

对学生学习及成果的要求	1. 学生能够熟练掌握曲线、曲面相关命令的使用。 2. 严格遵守实训基地各项管理规章制度。 3. 能够分析曲面零部件的结构特征，对曲面进行正确的分区，梳理出正确的建模思路和过程。 4. 每位同学均能按照学习导图自主学习，并完成课前自学的问题训练和自学自测。 5. 严格遵守课堂纪律，学习态度认真、端正，能够正确评价自己和同学在本任务中的素质表现。 6. 每位同学必须积极参与小组工作，承担具体的设计任务，参与零件设计、零件校验全过程，做到能够积极主动、不推诿，能够与小组成员合作完成工作任务。 7. 提交拉手零件数模、设计过程视频等，并提请检查、确认签字，对提出的建议或有错误的地方务必及时修改。 8. 每组必须完成任务工单并提请教师进行小组评价，小组成员分享小组评价分数或等级。 9. 每名同学均完成任务总结与反思，以小组为单位提交

学习导图

知识点
- 曲面分析命令
- 曲线、曲面建模相关命令
- 曲面造型的基本思路和流程

任务二 拉手曲面建模设计

技能点
- 使用曲线命令完成曲线、曲面造型设计，如桥接曲线、截面曲线、艺术样条曲线、修剪片体、通过曲线网格曲面等
- 能够分析曲面结构和形状，进行合理的曲面分区，选择合适的命令完成曲面造型
- 学会分析曲面质量，并且能够选择合适的方式优化曲面

素质点
- 树立专业热爱和认同、民族产业自信和自豪
- 树立一丝不苟、精益求精的工匠精神
- 初步养成敢于创新、勇于担当的职业素养
- 初步培养爱国、报国的家国情怀和使命担当

课前自学

一、艺术样条

"艺术样条"命令可用交互方式创建关联或非关联样条。通过拖动定义点或极点创建样条，还可以在给定的点处或对结束极点指定斜率或曲率。艺术样条作为设计中最常用的样条，与其他样条相比控制方便、编辑轻松、简单易懂。执行"菜单"→"插入"→"曲线"→"艺术样条"命令，或者在"曲线"工具栏"曲线"面板中单击"艺术样条"按钮，弹出如图 2-2-3 所示的"艺术样条"对话框。艺术样条有通过点和通过极点两种创建方式，如图 2-2-4 所示。

（1）"通过点"：创建的样条曲线通过指定的点。该方法通过指定样条曲线的各数据点，生成一条通过各定义点的样条曲线。

（2）"通过极点"：创建样条曲线时，所指定的数据点为曲线的极点或控制点。样条曲线受极点的引力作用，但是样条通常不经过极点（两端点除外）。

"艺术样条"对话框的相关参数含义如下：

（1）"次数"：样条平滑的因子。阶次越低，曲线越弯曲；阶次越高，曲线越平滑，如图 2-2-5 所示。对于一般产品而言，取 3 ～ 5 次适宜。如果根据极点创建样条，那么点数一定要比阶次多出 1 点或 1 点以上，否则不能创建样条。

（2）"封闭"：通常使用的样条是开放的，从一端开始，结束于另一端。如果需要封闭的样条，需要勾选"封闭"复选框，如图 2-2-6 所示。

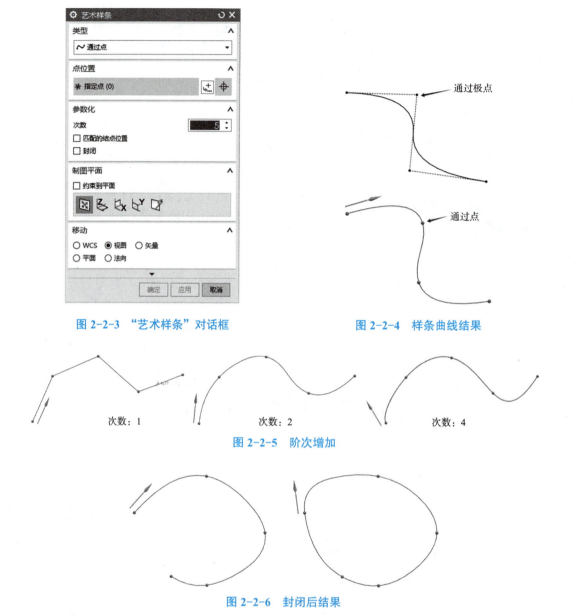

图 2-2-3 "艺术样条"对话框

图 2-2-4 样条曲线结果

次数：1　　　　　次数：2　　　　　次数：4

图 2-2-5 阶次增加

图 2-2-6 封闭后结果

二、组合投影

　　"组合投影"命令可以将曲线投影到曲线上，获得同样的效果，组合投影比普通投影少一步建立面的步骤。组合投影用来组合两个现有曲线的投影以创建一条新的曲线，组合投影每组曲线必须成链，不能有自交情况发生，即两条曲线的投影必须相交，在投影方向上尽量保持两矢量为垂直关系。执行"菜单"→"插入"→"派生曲线"→"组合投影"命令，或在"曲线"工具栏"派生曲线"面板中单击"组合投影"按钮，弹出如图 2-2-7 所示的"组合投影"对话框。在创建过程中，可以指定新曲线是否与输入曲线关联，以及对输入曲线作保留、隐藏等处理。组合投影结果如图 2-2-8 所示。

图 2-2-7 "组合投影"对话框

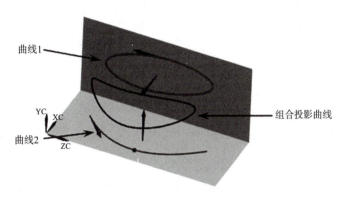

图 2-2-8 组合投影结果

三、镜像曲线

镜像曲线是通过穿过基准平面或平面来创建的。执行菜单栏"插入"→"派生曲线"→"镜像"命令,或在"曲线"工具栏"派生曲线"面板中单击"镜像曲线"按钮,弹出如图 2-2-9 所示的"镜像曲线"对话框,可以通过选择以下方法进行镜像操作:

(1)复制曲线、边、曲线特征或草图。

(2)创建关联的镜像曲线特征。

(3)创建非关联的曲线和样条。

(4)在平面中移动非关联的曲线,但无须复制和粘贴非关联的曲线。

选择要镜像的特征和镜像平面后,即可创建镜像曲线。镜像曲线结果如图 2-2-10 所示。

图 2-2-9 "镜像曲线"对话框

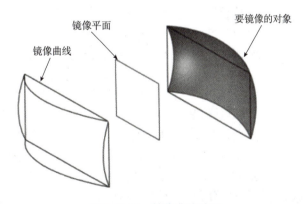

图 2-2-10 镜像曲线结果

"镜像曲线"对话框中包括"现有平面"和"新平面"两种镜像平面可供选择。

(1)"现有平面":已有的基准平面或实体平面。

(2)"新平面":通过平面构造器来创建新的镜像平面。

四、偏置曲线

偏置曲线是通过移动选中的基本曲线来创建的。执行"菜单"→"插入"→"派生曲线"→"偏置"命令，或在"曲线"工具栏"派生曲线"面板中单击"偏置曲线"按钮，弹出如图 2-2-11 所示的"偏置曲线"对话框，"偏置"命令可以偏置由直线、圆弧、二次曲线、样条及边线组成的线串。曲线可以在选中曲线所定义的平面内被偏置，也可以使用"拔模"方法偏置到一个平行平面，或者沿着使用"3D 轴向"方法时指定的矢量进行偏置。

图 2-2-11　"偏置曲线"对话框

（1）"距离"：在输入曲线平面上的恒定距离处创建偏置曲线。

（2）"拔模"：在与输入曲线平面平行的平面上，创建指定角度、高度的偏置曲线，并且用一个平面符号标记出偏置曲线所在的平面。

（3）"规律控制"：在输入曲线的平面上，在用规律类型指定规律所定义的距离处创建偏置曲线。

（4）"3D 轴向"：创建共面 3D 曲线的偏置曲线，如果是选择了此选项，则必须指定距离和方向，其默认值是 ZC 轴。

"偏置曲线"对话框的参数有"偏置平面上的点""副本数"等，它们的具体含义如下：

（1）"偏置平面上的点"：当偏置的对象为一条直线时，软件无法确定偏置的平面，需要补充一点，以达到 3 点确定一个平面的目的。

（2）"副本数"：用于创建多个偏置曲线集，每个集上的距离都等于定义的距离，如图 2-2-12 所示。

修剪偏置曲线，处理相交点的方式有 3 种，分别是"无""相切延伸"（偏置曲线的相交点自然延伸）和"圆

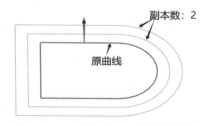

图 2-2-12　副本数为 2 的偏置曲线

角"（偏置曲线的相交点倒圆角，圆角等于偏置距离）。三种修剪结果如图 2-2-13 所示。

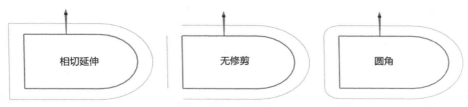

图 2-2-13　偏置曲线的三种修剪方式

五、在面上偏置曲线

"在面上偏置曲线"命令的结果是在实体表面或片体上创建时，沿着垂直于原始曲线的截面进行。在面上偏置曲线可以是关联的或非关联的，也可以在一个或多个面上创建偏置曲线。执行"菜单"→"插入"→"派生曲线"→"在面上偏置曲线"命令，或在"曲线"工具栏"派生曲线"面板中单击"在面上偏置曲线"按钮，弹出如图 2-2-14 所示的"在面上偏置曲线"对话框。

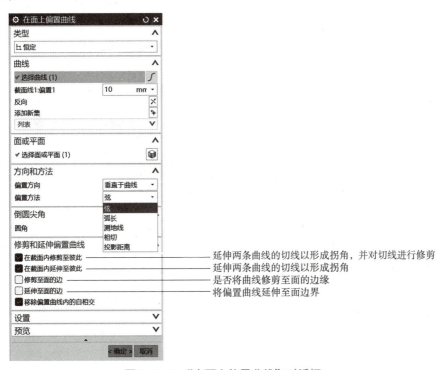

图 2-2-14　"在面上偏置曲线"对话框

"偏置方法"有 5 个选项可以选择，具体含义如下：

（1）"弦"：偏置距离沿着曲线两端点之间的直线（弦长）距离计算，而非曲线实际长度。

（2）"弧长"：基于曲线实际长度计算偏置，适合精确沿曲面走线的需求。

（3）"测地线"：偏置路径沿曲面的最短距离方向计算，类似于曲面上的直线。

（4）"相切"：沿曲线最初所在面的切线，在一定距离处创建偏置曲线，并将其重新投影到该面上。

（5）"投影距离"：用于按指定的法向矢量在虚线拟平面上指定偏置距离。

在面上偏置曲线结果如图 2-2-15 所示。

六、桥接曲线

"桥接曲线"命令可以对不联系的两曲线或边缘进行连接，并施加约束。它是曲面造型经常使用的命令之一。其中，连接的类型有 G0（位置）连续、G1（切线）连续、G2（曲率）连续、G3（曲率变化）连续四种类型。执行"菜单"→"插入"→"派生曲线"→"桥接曲线"命令，或在"曲线"工具栏"派生曲线"面板中单击"桥接曲线"按钮，弹出如图 2-2-16 所示的"桥接曲线"对话框。它的各参数含义如下：

（1）"连接性"选项组中的"开始/结束"：用于切换起始/终止对象的连续性、位置等的设置。

（2）"位置"：桥接曲线端点处于对象的位置。连接或断开曲线一般在对象的端点，连接封闭曲线或特殊要求可以在曲线的其他位置。调节时输入百分比位置或拖动位置滑块在 0～100 调节。

（3）"方向"等参数选项和"截面"选项：可用于指定起点或终点处的"桥接曲线"方向，如图 2-2-17 所示。

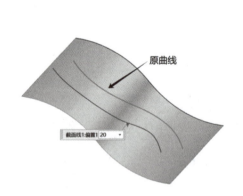

图 2-2-15　在面上偏置曲线结果

图 2-2-16　"桥接曲线"对话框

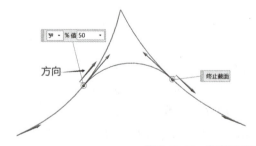

图 2-2-17　桥接方向不同，桥接曲线不同

七、相交曲线

　　"相交曲线"命令可以提取两组面相交之间的相交线，可用于在两组对象之间创建相交曲线。相交曲线是关联的，会根据其定义对象的更改而更新。面的类型包含实体表面、片体、基准平面等。

　　执行"菜单"→"插入"→"派生曲线"→"相交曲线"命令，或在"曲线"工具栏"派生曲线"面板中单击"相交曲线"按钮，弹出如图 2-2-18 所示的"相交曲线"对话框。选择第一组面，对象可以是单个面也可以是多个面。选择第二组面，单击"确定"按钮，退出"相交曲线"对话框即可。相交曲线结果如图 2-2-19 所示。

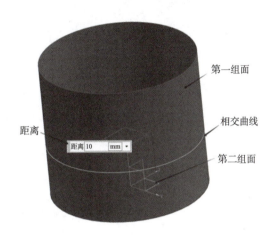

图 2-2-18　"相交曲线"对话框　　　　　图 2-2-19　相交曲线结果

八、截面曲线

　　"截面"命令指定的平面与体、面、平面或曲线之间创建相交几何体，平面与曲线相交将创建一个点或多个点。使用"截面"命令有"选定的平面""平行平面""径向平面""垂直于曲线的平面"4 个子类型。具体的含义如下：

　　（1）"选定的平面"：使用选定的各个平面和基准平面创建截面曲线。可以使用现有平面或动态创建一个平面以执行截面操作。

　　（2）"平行平面"：通过指定平行平面集的基本平面、步长值及起始和终止距离来创建截面曲线。

　　（3）"径向平面"：通过指定径向平面的枢轴和一个点来定义径向平面集的基本平面步长值及起始和终止角度，以创建截面曲线。

　　（4）"垂直于曲线的平面"：通过指定多个垂直于曲线或边缘的剖切平面来创建截面曲线。由多个选项来控制剖切平面沿曲线的间距。

　　执行"菜单"→"插入"→"派生曲线"→"截面曲线"命令，或在"曲线"工具栏"派生曲线"面板中单击"截面曲线"按钮，弹出如图 2-2-20 所示的"截面曲线"对话框。"要剖切的对象"可以选择线、面、片体或实体。"剖切平面"一般是基准平面，单击"确定"按钮，退出"截面曲线"对话框。操作步骤如图 2-2-21 所示。

图 2-2-20 "截面曲线"对话框

图 2-2-21 截面曲线结果

自学自测

根据本书资源提供的如图 2-2-22 所示的 IGS 曲线，完成如图 2-2-23 所示的曲面造型设计。

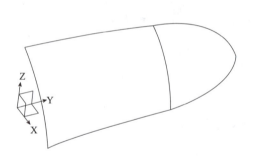

图 2-2-22 已知 IGS 线框

图 2-2-23 曲面造型设计结果

任务实施

1. 新建文件

打开 UG NX 10.0 软件，在建模界面，选择新建"模型"，建立新文件名，如图 2-2-24 所示。

2. 导入 IGS 线框

执行"菜单"→"文件"→"导入"→"IGES"命令，如图 2-2-25 所示，打开本书提供的 lashou.igs 文件，如图 2-2-26 所示。

拉手曲面建模设计

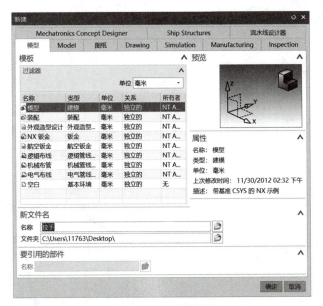

图 2-2-24　建模界面

图 2-2-25　导入 IGS 线框文件

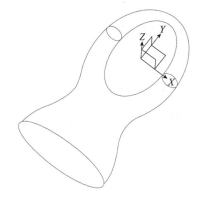

图 2-2-26　lashou.igs 文件

3. 拉伸曲面

执行"菜单"→"插入"→"设计特征"→"拉伸"命令，或在"特征"工具栏中单击"拉伸"按钮，弹出图 2-2-27 所示的"拉伸"对话框，直接选择拉手主体线框曲线作为拉伸对象；拉伸方向为 Z 轴负方向，拉伸长度为"10"，在"设置"选项组的"体类型"中选择"片体"选项，拉伸结果如图 2-2-28 所示。

4. 桥接曲线

执行"菜单"→"插入"→"派生曲线"→"桥接"命令，或在"曲线"工具栏中单击"桥接曲线"按钮，弹出如图 2-2-29 所示的"桥接曲线"对话框，"起始对象"选择拉伸轮廓的外圈椭圆部分，"终止对象"选择另一半拉伸轮廓的外圈椭圆部分，如图 2-2-30 所示，如果预览曲线发生扭曲，在两曲线方向箭头处双击鼠标，更改桥接方向即可。确定后即可得到桥接曲线。

图 2-2-27 "拉伸"对话框

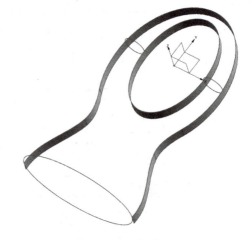

图 2-2-28 拉伸结果

图 2-2-29 "桥接曲线"对话框

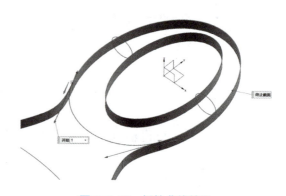

图 2-2-30 桥接曲线结果

5. 拉伸曲面

在"特征"工具栏中单击"拉伸"按钮,直接选择上一步的桥接曲线作为拉伸对象;拉伸方向为 Z 轴负方向,拉伸长度为"10",在"设置"选项组"体类型"中选择"片体"选项,拉伸结果如图 2-2-31 所示。

6. 截面曲线

执行"菜单"→"插入"→"派生曲线"→"截面"命令,或在"曲线"工具栏中单击"截面曲线"按钮,弹出如图 2-2-32 所示的"截面曲线"对话框,"要剖切的对象"选择拉伸的两个椭圆曲面,如图 2-2-33 所示,"剖切平面"选择 YOZ 平面,确定后得到椭圆内外圈和 YOZ 平面的四条截面曲线。

图 2-2-31　拉伸结果　　　　　　　　图 2-2-32　"截面曲线"对话框

7. 桥接曲线

（1）执行"菜单"→"插入"→"派生曲线"→"桥接"命令，或在"曲线"工具栏中单击"桥接曲线"按钮，弹出如图 2-2-34 所示的"桥接曲线"对话框，"起始对象"选择顶端内部椭圆的截面曲线，注意把起点拖曳至曲线的上面端点处，"终止对象"选择对应的顶端外部椭圆的截面曲线，也注意把起点拖曳至曲线的上面端点处，如图 2-2-35 所示，如果预览曲线发生扭曲，在两曲线方向箭头处双击鼠标，更改桥接方向即可。

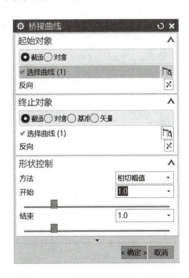

图 2-2-33　截面曲线结果　　　　　　图 2-2-34　"桥接曲线"对话框

（2）执行"菜单"→"插入"→"派生曲线"→"桥接"命令，或在"曲线"工具栏中单击"桥接曲线"按钮，弹出"桥接曲线"对话框，"起始对象"选择底端内部椭圆的截面曲线，注意把起点拖曳至曲线的上面端点处，"终止对象"选择对应的底端外部椭圆的截面曲线，也注意把起点拖曳至曲线的上面端点处，同样如果预览曲线发生扭曲，在两曲线方向箭头处双击鼠标，更改桥接方向即可。

两次桥接曲线结果如图 2-2-36 所示。

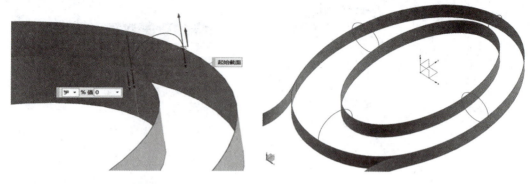

图 2-2-35 桥接曲线方向   图 2-2-36 桥接曲线结果

8. 通过曲线网格

执行"菜单"→"插入"→"网格曲面"→"通过曲线网格"命令，或在"曲面"工具栏中单击"通过曲线网格"按钮，弹出如图 2-2-37 所示的"通过曲线网格"对话框，单击该对话框下部小三角打开完整对话框。

（1）"主曲线"选择内部小椭圆轮廓线后，单击鼠标中键，再选择外部大椭圆轮廓线，此时主曲线列表中有主曲线 1 和主曲线 2。

（2）"交叉曲线"依次选择如图 2-2-38 所示的 5 条曲线。注意：每选择好一条曲线后，一定要单击鼠标中键后再选择下一条曲线。依次选择好 5 条曲线后，交叉曲线列表中有交叉曲线 1～5。

图 2-2-37 "通过曲线网格"对话框

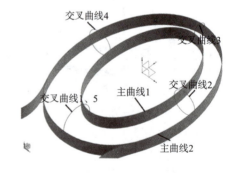

图 2-2-38 主曲线和交叉曲线选择

（3）在"连续性"选项组"第一主线串"中选择"相切"选项，提示选择和主曲线 1 相切的曲面，主曲线 1 是内部椭圆轮廓，故选择内部椭圆的拉伸面作为相切面。"最后主线串"选择"相切"选项，提示选择和主曲线 2 相切的曲面，主曲线 2 是外部椭圆轮廓，故选择外部椭圆的拉伸面作为相切面。

（4）在"设置"选项组"体类型"中选择"片体"选项，如图 2-2-39 所示，确定后得到如图 2-2-40 所示的曲面。

112

图 2-2-39　"通过曲线网格"对话框

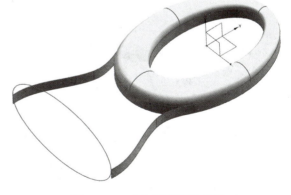

图 2-2-40　通过曲线网格结果

9. 拉伸曲面

在"特征"工具栏中单击"拉伸"按钮，弹出"拉伸"对话框，选择底部椭圆轮廓作为拉伸对象；拉伸方向为 *Y* 轴负方向，拉伸长度为"10"，在"设置"选项组"体类型"中选择"片体"选项，拉伸结果如图 2-2-41 所示。

10. 截面曲线

执行"菜单"→"插入"→"派生曲线"→"截面"命令，或在"曲线"工具栏中单击"截面曲线"按钮，"要剖切的对象"选择拉伸的底部椭圆曲面，"剖切平面"选择 *YOZ* 平面，确定后得到底部椭圆曲面和 *YOZ* 平面的两条截面曲线，如图 2-2-42 所示。

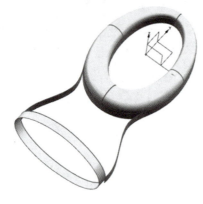 

图 2-2-41　拉伸结果　　　　　　　　　　图 2-2-42　截面曲线结果

11. 桥接曲线

执行"菜单"→"插入"→"派生曲线"→"桥接"命令，或在"曲线"工具栏中单击"桥接曲线"按钮，"起始对象"和"终止对象"选择如图 2-2-43 所示。桥接曲线结果如图 2-2-44 所示。

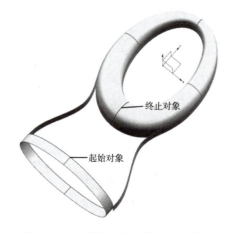 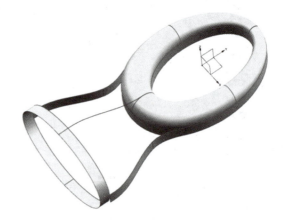

图 2-2-43　起始对象和终止对象选择　　　　图 2-2-44　桥接曲线结果

12. 艺术样条曲线

执行"菜单"→"插入"→"曲线"→"艺术样条"命令，或在"曲线"工具栏中单击"艺术样条"按钮，弹出如图 2-2-45 所示的"艺术样条"对话框，第一点选择图 2-2-46 所示的直线端点后，在弹出的"约束"对话框中直接选择 G1 约束相切，第二点选择图 2-2-47 所示的两条桥接曲线上的交点，第三点选择图 2-2-48 所示的直线端点后，在弹出的"约束"对话框中依然选择 G1 约束相切，得到如图 2-2-49 所示的样条曲线。

13. 修剪片体

执行"菜单"→"插入"→"修剪"→"修剪片体"命令，或在"曲面"工具栏中单击"修剪片体"按钮，弹出如图 2-2-50 所示的"修剪片体"对话框。"目标"点选择通过曲线网格生成的椭圆环面，注意点选的面的位置，以确定"区域"选项组中"选择区域"的"保留"或"放弃"。如果本案例点选位置如图 2-2-51 所示，那么"区域"选择"放弃"。"边界"选择"艺术样条曲线"，"投影方向"选择"垂直于面"，确定后结果如图 2-2-52 所示。

图 2-2-45 "艺术样条"对话框

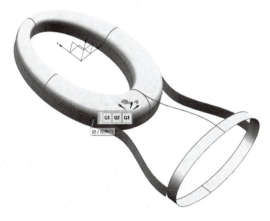

图 2-2-46 艺术样条直线端点的 G1 约束

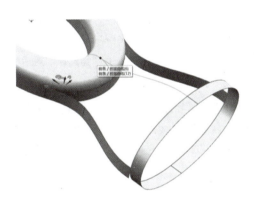

图 2-2-47 艺术样条交点选择

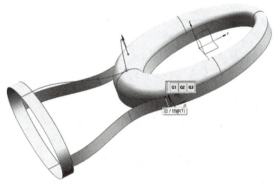

图 2-2-48 艺术样条直线端点的 G1 约束

图 2-2-49 艺术样条结果

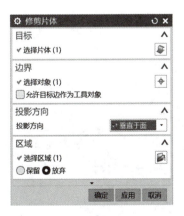

图 2-2-50 "修剪片体"对话框

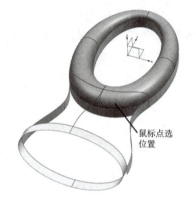

图 2-2-51 "目标片体"的点选位置

鼠标点选
位置

图 2-2-52 修剪片体结果

14. 隐藏艺术样条曲线

在"视图"工具栏中单击"隐藏"按钮，或者按［Ctrl+B］键，弹出如图 2-2-53 所示的"类选择"对话框，选中艺术样条曲线，确定后该曲线被隐藏。

15. 通过曲线网格

执行"菜单"→"插入"→"网格曲面"→"通过曲线网格"命令，或在"曲面"工具栏中单击"通过曲线网格"按钮，弹出"通过曲线网格"对话框。

图 2-2-53 "类选择"对话框

"主曲线"选择修剪片体的轮廓线后，单击鼠标中键，再选择底部大椭圆半轮廓线，此时主曲线列表中有主曲线 1 和主曲线 2。

"交叉曲线"依次选择图 2-2-54 所示的 3 条曲线。注意：每选择好一条曲线后，一定要单击鼠标中键后再选择下一条曲线。依次选好 3 条曲线后，交叉曲线列表中有交叉曲线 1 ～ 3。

在"连续性"选项组"第一交叉线串"中选择"相切"，提示选择和交叉曲线 1 相切的曲面，选择交叉曲线 1 接触的拉伸面作为相切面。"最后交叉线串"选择"相切"，提示选择和交叉曲线 2 相切的曲面，选择交叉曲线 2 接触的拉伸面作为相切面。

在"设置"选项组"体类型"中选择"片体"选项，确定后得到如图 2-2-55 所示的曲面。

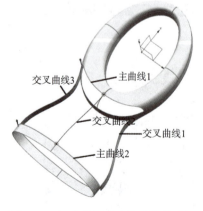

交叉曲线3
主曲线1
交叉曲线2
交叉曲线1
主曲线2

图 2-2-54 主曲线和交叉曲线的选择

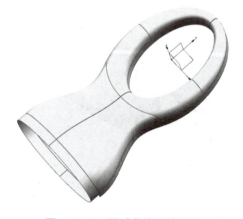

图 2-2-55 通过曲线网格结果

16. 隐藏拉伸曲面

在"视图"工具栏中单击"隐藏"按钮，或按〔Ctrl+B〕键，弹出"类选择"对话框，选中前面拉伸的曲面，确定后各拉伸曲面被隐藏，结果如图2-2-56所示。

17. 镜像曲面

执行"菜单"→"插入"→"关联复制"→"抽取几何特征"命令，或在"曲面"工具栏中单击"抽取几何特征"按钮，弹出如图2-2-57所示的"抽取几何特征"对话框。"类型"选择"镜像体"，"选择体"选择两个主体的曲面，"镜像平面"选择 XOY 平面，单击"确定"按钮后得到如图2-2-58所示的结果。

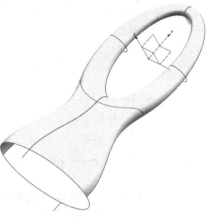

图 2-2-56　隐藏拉伸曲面结果

图 2-2-57　"抽取几何特征"对话框

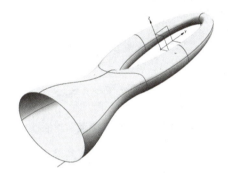

图 2-2-58　镜像曲面结果

18. 有界平面

执行"菜单"→"插入"→"曲面"→"有界平面"命令，或在"曲面"工具栏中单击"有界平面"按钮，弹出如图2-2-59所示的"有界平面"对话框。选择底部椭圆轮廓，确定后得到如图2-2-60所示的结果。

图 2-2-59　"有界平面"对话框

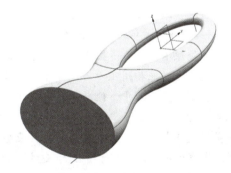

图 2-2-60　有界平面结果

19. 缝合曲面

执行"菜单"→"插入"→"组合"→"缝合"命令，或在"曲面"工具栏中单击"缝

117

合"按钮，弹出如图 2-2-61 所示的"缝合"对话框。"目标"
选择底部椭圆曲面，"工具"框选其他所有曲面即可。缝合后
的曲面已经实体化。

20. 隐藏曲线和片体

在"视图"工具栏中单击"显示和隐藏"按钮，或按
[Ctrl+W]键，弹出如图 2-2-62 所示的"显示和隐藏"对话
框，对"片体""曲线""坐标系"分别单击减号隐藏，关闭该
对话框，得到如图 2-2-63 所示的实体结果。

图 2-2-61 "缝合"对话框

图 2-2-62 "显示和隐藏"对话框

图 2-2-63 实体结果

素质拓展

金牌工人——丘柳滨

2014 年 12 月 19 日上午，煦暖的冬阳透过窗户照进柳州五菱柳机动力有限公司修动车间。
铣床工位上，车加工工组的班组长丘柳滨正在聚光灯下测量一个改进部件的尺寸。

"必须毫厘不差！"他告诉记者，当天他们班组要完成 9 套新型号发动机缸体模具的改进。
正是靠"毫厘不差"的精益精神，他们加工的产品废品率从 13% 降到 4.5%。

丘柳滨是工业柳州几十万产业大军中响当当的"金牌工人"。早在 8 年前的全国第二届职
工职业技能大赛决赛中，他就以精湛的铣工技术和娴熟的操作技能，夺得了铣工第二名。"十
大工人技术创新能手""广西技术能手""金牌工人""全国知识型职工优秀个人"及"全国
五一劳动奖章"……丘柳滨拿到的各种荣誉"有几大摞"。谈到成功，他拿起放在车间办公桌
上的一本书说：《优秀源于责任》，这本书讲到了我心里头。"

"从参加工作起我就想要当知识型、技能型、专家型工人。"丘柳滨追忆自己成长的过程感
觉很"单纯"。刚进厂工作时，他主动向身边的老师傅学习和请教；有时为了破解一道难题，他
会反复琢磨和实践，直到把其中的关节、步骤弄通弄懂；他不仅熟练掌握铣工理论及操作技能，
还主动学习车床、坐标镗床、齿轮加工机床、工具磨床和插床等多种机床的操作技能；他还利

用业余时间学习并通过计算机等级考试和发动机初级装钳工考试，攻读了大学机电一体化专业。

从工友们的讲述里中，丘柳滨作为"金牌工人"的闪光点，都在技术革新最基础的手头功夫上——在加工 276Q 发动机传动斜齿轮时，原来一直采用比较麻烦的差动挂轮法进行滚齿加工，生产效率很低，对机床有较大的磨损。经过无数次试验，他一改传统的思维模式，提出改用无差动加工方法，使生产效率从原来每天生产 100 件提高到 150 件。

工厂开发新产品需制造发动机曲轴箱热芯盒模具，该模具由 70 多个三维曲面、角度面和锥度面组成。如果采用当时铣削模具复杂空间三维曲面的旧方法，所加工出来的模具精度远远达不到设计要求。丘柳滨结合自己所学的数控加工知识，大胆改用三坐标结合百分表和量块精确移动工作台 3 个方向的方法进行铣削加工，加工出来的模具不仅具有精度高、使用寿命长的特点，而且产品质量更好，还大大降低了生产成本，创造了较好的经济效益。

一次，由于生产厂家停电等，企业所需的 2 000 多根 474 发动机的凸轮轴无法按时交货，影响了"五菱之光"安装新型发动机的进度。丘柳滨接到加工一套工装夹具来加快 474 凸轮轴生产的任务后，根据凸轮轴的特点反复实践，很快就完成了这套工装夹具加工任务，交付使用后，满足了凸轮轴加工及装车进度要求，为公司赢得了信誉。

工厂 3 000 多台新型 486 发动机安装后发现马力不够，经查是由于发动机设计存在的误差所造成，需要及时对进气歧管进行技术改造。由于该喷油嘴是进口件，价格高，工厂没有加工改造的专用工装夹具，需要自行设计制造。丘柳滨和员工们接到任务后，24 小时之内完成了工装夹具的设计和制造工作，解决了进气歧管技术改造的难题。

如今广西汽车集团专门成立了"丘柳滨先模创新工作室"，成员都是一线技术工人，一年多来，工作室共申报技术创新成果 40 多项，有 30 项优秀成果获公司表彰。

任务单

拉手曲面建模设计工作单

计划单

学习情境二	曲面建模设计		任务二	拉手曲面建模设计
工作方式	组内讨论、团结协作，共同制订计划；小组成员进行工作讨论，确定工作步骤		计划学时	0.5 学时
完成人	1. 4.	2. 5.	3. 6.	
计划依据：拉手 IGS 线框图				
序号	计划步骤		具体工作内容描述	
1	准备工作 （准备软件、图纸、工具、量具，谁去做？）			
2	组织分工 （成立组织，人员具体都完成什么？）			

续表

序号	计划步骤	具体工作内容描述
3	制订造型设计过程方案（先设计什么？再设计什么？最后完成什么？）	
4	拉手曲面建模设计（设计前准备什么？使用哪些命令？设计参数如何输入？如何完成设计？设计过程中发现哪些问题？如何解决？）	
5	整理资料（谁负责？整理什么？）	
制订计划说明	（写出组内成员完成任务方面的主要建议或可以借鉴的建议、需要解释的某一方面）	

决策单

学习情境二	曲面建模设计	任务二	拉手曲面建模设计
决策学时		0.5 学时	

决策目的：拉手曲面建模设计方案对比分析，比较设计质量、设计时间、设计成本等

设计方案对比	方案组员	设计的可行性（设计质量）	设计的合理性（设计时间）	设计的经济性（设计成本）	综合评价
	1				
	2				
	3				
	4				
	5				
	6				
决策评价	结果：（根据组内成员设计方案对比分析，对自己的设计方案进行修改并说明修改原因，最后确定一个最佳方案）				

120

检查单

学习情境二	曲面建模设计		任务二	拉手曲面建模设计
评价学时			课内 0.5 学时	第　组
检查目的及方式	教师监控小组的工作情况，如果检查等级为不合格，则小组需要整改，并拿出整改说明			

序号	检查项目	检查标准	检查结果分级 （在检查相应的分级框内划"√"）				
			优秀	良好	中等	合格	不合格
1	准备工作	资源是否已查到，材料是否准备完整					
2	分工情况	安排是否合理、全面，分工是否明确					
3	工作态度	小组工作是否积极主动、全员参与					
4	纪律出勤	是否按时完成负责的工作内容、遵守工作纪律					
5	团队合作	是否相互协作、互相帮助，成员是否听从指挥					
6	创新意识	任务完成不照搬照抄，看问题具有独到见解、创新思维					
7	完成效率	工作单是否记录完整，是否按照计划完成任务					
8	完成质量	工作单填写是否准确，设计过程、尺寸公差是否达标					
检查评语	教师签字：						

任务评价

小组工作评价单

学习情境二	曲面建模设计	任务二	拉手曲面建模设计		
评价学时		课内 0.5 学时			
班级：		第　组			
考核情境	考核内容及要求	分值（100）	小组自评（10%）	小组互评（20%）	教师评价（70%）	实得分（Σ）
汇报展示（20）	演讲资源利用	5				
	演讲表达和非语言技巧应用	5				
	团队成员补充配合程度	5				
	时间与完整性	5				
质量评价（40）	工作完整性	10				
	工作质量	5				
	报告完整性	25				
团队情感（25）	社会主义核心价值观	5				
	创新性	5				
	参与率	5				
	合作性	5				
	劳动态度	5				
安全文明（10）	工作过程中的安全保障情况	5				
	工具正确使用和保养、放置规范	5				
工作效率（5）	能够在要求的时间内完成，每超时 5 分钟扣 1 分	5				

小组成员素质评价单

学习情境二	曲面建模设计		任务二		拉手曲面建模设计		
班级		第　组		成员姓名			

评分说明	每个小组成员评价分为自评和小组其他成员评价两部分，取平均值计算，作为该小组成员的任务评价个人分数。评价项目共设计 5 个，依据评分标准给予合理量化打分。小组成员自评分后，要找小组其他成员以不记名方式打分						

评分项目	评分标准	自评分	成员1评分	成员2评分	成员3评分	成员4评分	成员5评分
核心价值（20分）	是否有违背社会主义核心价值观的思想及行动						
工作态度（20分）	是否按时完成负责的工作内容、遵守纪律，是否积极主动参与小组工作，是否全过程参与，是否吃苦耐劳，是否具有工匠精神						
交流沟通（20分）	是否能良好地表达自己的观点，是否能倾听他人的观点						
团队合作（20分）	是否与小组成员合作完成任务，做到相互协作、互相帮助、听从指挥						
创新意识（20分）	看问题是否能独立思考，提出独到见解，是否能够用创新思维解决遇到的问题						
小组成员最终得分							

学习情境二		曲面建模设计	任务二	拉手曲面建模设计
班级		第　组	成员姓名	

情感反思	通过对本任务的学习和实训，你认为自己在社会主义核心价值观、职业素养、学习和工作态度等方面有哪些需要提高的部分？
知识反思	通过对本任务的学习，你掌握了哪些知识点？请画出思维导图。
技能反思	在完成本任务的学习和实训过程中，你主要掌握了哪些技能？
方法反思	在完成本任务的学习和实训过程中，你主要掌握了哪些分析和解决问题的方法？

任务描述：根据给定的 IGS 曲线（图 2-2-64），完成电吹风曲面造型设计（图 2-2-65）。

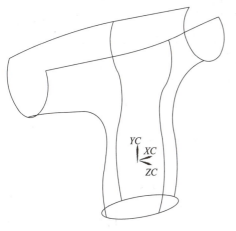

图 2-2-64　电吹风 IGS 线框

图 2-2-65　电吹风曲面造型

1. 新建文件

打开 UG NX 10.0 软件，在建模界面，选择新建"模型"，建立新文件名，如图 2-2-66 所示。

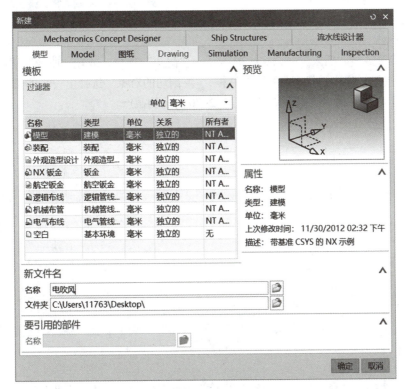

图 2-2-66　建模界面

125

2. 导入 IGS 线框

执行"菜单"→"文件"→"导入"→"IGES"命令，弹出如图 2-2-67 所示的"IGES 导入选项"对话框，打开本书提供的电吹风 .igs 文件。

3. 桥接曲线

执行"菜单"→"插入"→"派生曲线"→"桥接"命令，或在"曲线"工具栏中单击"桥接曲线"按钮，弹出"桥接曲线"对话框，"起始对象"和"终止对象"如图 2-2-68 所示，如果预览曲线发生扭曲，在两曲线方向箭头处双击鼠标，更改桥接方向即可，单击"确定"按钮，即可得到如图 2-2-69 所示的桥接曲线结果。

图 2-2-67 "IGES 导入选项"对话框

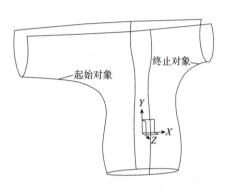

图 2-2-68 起始对象和终止对象

4. 截面曲线

执行"菜单"→"插入"→"派生曲线"→"截面"命令，或在"曲线"工具栏中单击"截面曲线"按钮，弹出"截面曲线"对话框，"要剖切的对象"选择上一步的桥接曲线，"剖切平面"选择 XOY 平面，确定后得到如图 2-2-70 所示的截点。

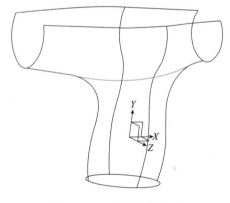

图 2-2-69 桥接曲线结果

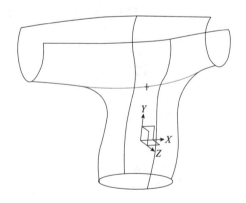

图 2-2-70 截面曲线结果

5. 艺术样条曲线

执行"菜单"→"插入"→"曲线"→"艺术样条"命令，或在"曲线"工具栏中单击

"艺术样条"按钮,选择如图2-2-71所示的三个点,注意第一点和第三点选择G1的相切约束,在"参数化"选项组"次数"中输入"2",单击"确定"按钮,得到如图2-2-72所示通过截面点的艺术样条曲线。

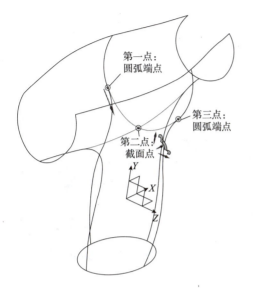

图 2-2-71 艺术样条曲线三个控制点

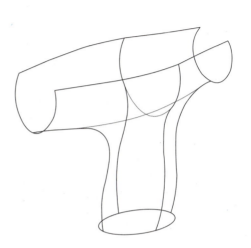

图 2-2-72 艺术样条曲线结果

6. 通过曲线网格

执行"菜单"→"插入"→"网格曲面"→"通过曲线网格"命令,或在"曲面"工具栏中单击"通过曲线网格"按钮,弹出"通过曲线网格"对话框,"主曲线"和"交叉曲线"的选择如图2-2-73所示。注意:每选择好一条曲线,一定要单击鼠标中键后再选择下一条曲线。

在"设置"选项组"体类型"中选择"片体"选项,单击"确定"按钮,得到如图2-2-74所示的曲面。

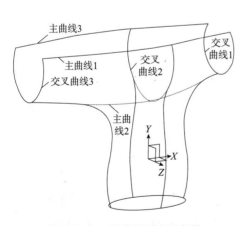

图 2-2-73 主曲线和交叉曲线

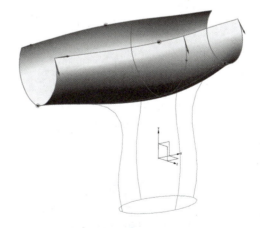

图 2-2-74 通过曲线网格结果

7. 截面曲线

执行"菜单"→"插入"→"派生曲线"→"截面"命令,或在"曲线"工具栏中单击

"截面曲线"按钮，弹出"截面曲线"对话框，"要剖切的对象"选择图 2-2-75 所示的四条骨架线，在"剖切平面"选项组"指定平面"中单击"按某一距离"按钮，选择 XOZ 平面，然后输入距离"15"，单击"确定"按钮，得到如图 2-2-76 所示的截点。

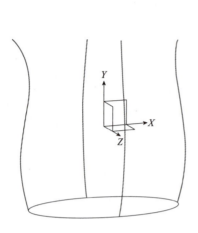

图 2-2-75　要剖切的对象

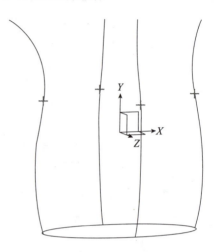

图 2-2-76　截面曲线结果

8. 艺术样条曲线

执行"菜单"→"插入"→"曲线"→"艺术样条"命令，或在"曲线"工具栏中单击"艺术样条"按钮，选择如图 2-2-76 所示的四个截点，在"参数化"选项组"次数"中输入"3"，勾选"封闭"复选框，单击"确定"按钮，得到如图 2-2-77 所示的艺术样条曲线。

9. 通过曲线网格曲面

执行"菜单"→"插入"→"网格曲面"→"通过曲线网格"命令，或在"曲面"工具栏中单击"通过曲线网格"按钮，弹出"通过曲线网络"对话框，"主曲线"和"交叉曲线"的选择如图 2-2-78 所示。注意：每选择好一条曲线，一定要单击鼠标中键后再选择下一条曲线。

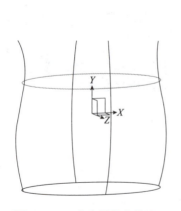

图 2-2-77　艺术样条曲线结果

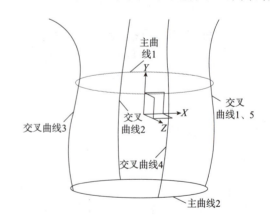

图 2-2-78　主曲线和交叉曲线

在"设置"选项组"体类型"中选择"片体"选项，单击"确定"按钮，得到如图 2-2-79 所示通过曲线网格曲面的结果。

10. 拉伸曲面

执行"菜单"→"插入"→"设计特征"→"拉伸"命令，或在"特征"工具栏中单击"拉伸"按钮，在弹出的"拉伸"对话框中单击"绘制截面"按钮，选择 *XOY* 平面进行草图绘制。

单击"艺术样条曲线"按钮绘制如图 2-2-80 所示的艺术样条曲线，完成草图绘制，在"拉伸"对话框中"限制"选项组"结束"选择"对称值"，"距离"输入"70"，"设置"选项组"体类型"选择"片体"，拉伸曲面结果如图 2-2-81 所示。

图 2-2-79 通过曲线网格曲面结果

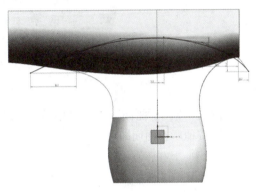

图 2-2-80 艺术样条曲线

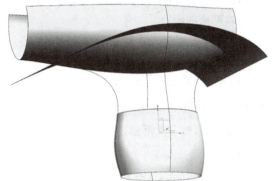

图 2-2-81 拉伸曲面结果

11. 修剪片体

执行"菜单"→"插入"→"修剪"→"修剪片体"命令，或在"曲面"工具栏中单击"修剪片体"按钮，弹出"修剪片体"对话框，"目标"和"边界"选择如图 2-2-82 所示，"投影方向"选择"垂直于面"，单击"确定"按钮，得到如图 2-2-83 所示的修剪片体结果。

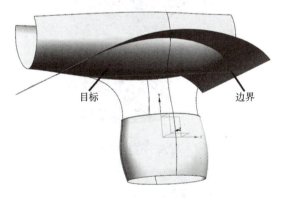

图 2-2-82 艺术样条曲线

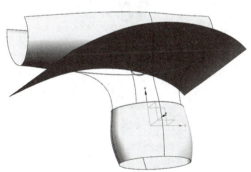

图 2-2-83 修剪片体结果

12. 隐藏拉伸曲面

在"视图"工具栏中单击"隐藏"按钮，或按［Ctrl+B］键，弹出"类选择"对话框，选中拉伸曲面，确定拉伸曲面被隐藏。

13. 通过曲线网格曲面

执行"菜单"→"插入"→"网格曲面"→"通过曲线网格"命令，或在"曲面"工具栏中单击"通过曲线网格"按钮，弹出"通过曲线网格"对话框，"主曲线"和"交叉曲线"选择如图 2-2-84 所示。注意：每选择好一条曲线，一定要单击鼠标中键后再选择下一条曲线。

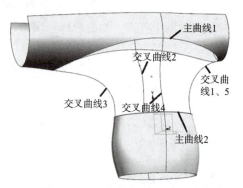

图 2-2-84　主曲线和交叉曲线

在"连续性"选项组"第一主线串"下选择"相切"，提示选择和主曲线 1 相切的曲面，选择上部的通过曲线网格曲面，"最后主线串"选择"相切"，提示选择和主曲线 2 相切的曲面，选择底部的通过曲线网格曲面。

"设置"选项组"体类型"选择"片体"，确定后得到如图 2-2-85 所示的曲面。

14. 缝合曲面

执行"菜单"→"插入"→"组合"→"缝合"命令，或在"曲面"工具栏中单击"缝合"按钮，"目标"上部通过曲线网格曲面，"工具"框选其他所有曲面即可。

15. 分析曲面质量

执行"菜单"→"分析"→"形状"→"反射"命令，或在"分析"工具栏中单击"反射"按钮，选择曲面，得到如图 2-2-86 所示的曲面斑马线结果。两个面的斑马线如果是完整的一条线，就能说明两个面具有 G1 相切，表面质量较好。

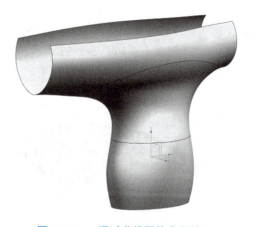

图 2-2-85　通过曲线网格曲面结果

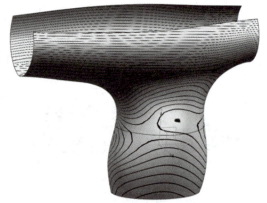

图 2-2-86　曲面斑马线结果

课后作业

根据本书提供的如图 2-2-87 所示的 IGS 曲线，完成如图 2-2-88 所示的曲面造型设计。

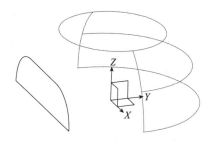

图 2-2-87　已知 IGS 曲线

图 2-2-88　曲面造型设计

任务三　8字环建模设计

任务工单

8 字环建模设计

学习情境二	曲面建模设计	任务三	8 字环建模设计
任务学时		4 学时（课外 4 学时）	
布置任务			
任务目标	1. 分析 8 字环的曲面形状及特点，能够进行正确的曲面分区。 2. 根据曲面分区结果和形状特点，拟定 8 字环曲面的设计过程。 3. 能够选择正确的曲线、曲面命令，完成曲线绘制和曲面建模。 4. 学会判断曲面中存在的收敛点，并且能够进行曲面优化。 5. 能够创建高质量曲面并生成实体		
任务描述	生产生活中有大量的曲面类零部件，本任务以 8 字环部件为例，讲解曲面建模思路及相关曲线、曲面命令的正确使用。 　　本任务要求根据如图 2-3-1 所示的 8 字环部件 IGS 曲线，完成如图 2-3-2 所示的 8 字环曲面造型设计，该零部件是一个表面光顺的曲面零部件，采用传统的实体建模命令难以完成，该零部件结构上前后对称、左右对称，在进行合理的曲面分区后，考虑利用镜像命令完成整个零部件建模。 　　曲线质量决定了曲面质量和光顺度，曲面的质量和光顺度直接决定了曲面能否实体化，以及整个零部件的结构形状和质量。因此，在任务完成过程中要充分考虑曲线、曲面的约束方法，学会判断曲面质量，能够绘制高质量的曲线和曲面，并且能够进行曲面优化，从而完成高质量曲面建模 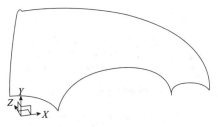  图 2-3-1　8 字环 IGS 线框图　　图 2-3-2　8 字环建模结果		

131

学习情境二	曲面建模设计		任务三		8字环建模设计	
任务学时			4学时（课外4学时）			
布置任务						
学时安排	资讯 1学时	计划 0.5学时	决策 0.5学时	实施 1学时	检查 0.5学时	评价 0.5学时
提供资源	1. 8字环零部件的IGS曲线文件。 2. 电子教案、课程标准、多媒体课件、教学演示视频及其他共享数字资源。 3. 8字环零部件建模结果文件					
对学生学习及成果的要求	1. 学生能够熟练掌握曲线、曲面相关命令的使用。 2. 严格遵守实训基地各项管理规章制度。 3. 能够分析曲面零部件的结构特征，对曲面进行正确的分区，梳理出正确的建模思路和过程。 4. 每位同学均能按照学习导图自主学习，并完成课前自学的问题训练和自学自测。 5. 严格遵守课堂纪律，学习态度认真、端正，能够正确评价自己和同学在本任务中的素质表现。 6. 每位同学必须积极参与小组工作，承担具体的设计任务，参与零件设计、零件校验全过程，做到能够积极主动、不推诿，能够与小组成员合作完成工作任务。 7. 提交8字环零件数模、设计过程视频等，并提请检查、确认签字，对提出的建议或有错误的地方必及时修改。 8. 每组必须完成任务工单并提请教师进行小组评价，小组成员分享小组评价分数或等级。 9. 每位同学均完成任务总结与反思，以小组为单位提交					

学习导图

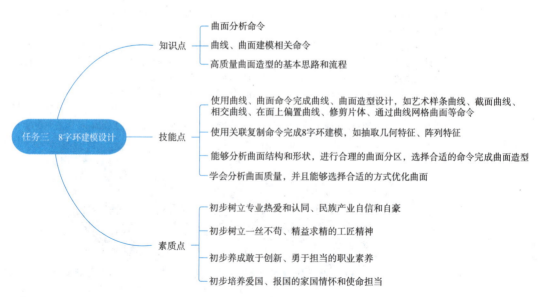

一、通过曲线组

通过曲线组是指通过一系列轮廓曲线（大致在同一方向）建立曲面或实体。轮廓曲线又称为截面线串。截面线串可以是曲线、实体边界或实体表面等几何体。其生成特征与截面线串相关联，当截面线串编辑修改后，特征会自动更新。

通过曲线组与直纹面类似，区别在于直纹面只适用于两条截面线串，并且两条截面线串之间总是相连的。而通过曲线组最多允许使用150条截面线串。该命令用于通过同一方向上的一组轮廓曲线创建曲面。轮廓曲线可由单个对象或多个对象组成，每个对象都可以是曲线、实体边等。

执行"菜单"→"插入"→"网格曲面"→"通过曲线组"命令，或在"曲面"工具栏"曲面"面板中单击"通过曲线组"按钮，弹出如图2-3-3所示的"通过曲线组"对话框。"截面"选择一条曲线或实体边后，单击鼠标中键即结束该曲线的选择，进入下一曲线的选择。"连续性"可以设置"第一个截面""最后一个截面"与其相连曲线的连续性关系，其中连接的类型有G0（位置）连续、G1（切线）连续、G2（曲率）连续、G3（曲率变化）连续四种。截面特征及曲面结果如图2-3-4所示。

图 2-3-3 "通过曲线组"对话框

图 2-3-4 截面特征及曲面结果

二、通过曲线网格曲面

通过曲线网格就是根据所指定的两组截面线串来创建曲面。第一组截面线串称为主线串，是构建曲面的 U 向；第二组截面线串称为交叉线串，是构建曲面的 V 向。由于定义了曲面 U、V 方向的控制曲线，因而可以更好地控制曲面的形状，主线串和交叉线串需要在设定的公差范围内相交，而且应大致互相垂直。每条主线串和交叉线串都可由多段连续曲线、体（实体或曲面）边界组成，主线串的第一条和最后一条还可以是点。

执行"菜单"→"插入"→"网格曲面"→"通过曲线网格"命令，或在"曲面"工具栏"曲面"面板中单击"通过曲线网格"按钮，弹出如图2-3-5所示的"通过曲线网格"对话框。

如图 2-3-6 所示为通过主曲线和交叉曲线网格形成的曲面效果图。

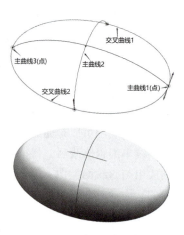

图 2-3-5 "通过曲线网格"对话框

图 2-3-6 通过曲线网格曲面

三、填充曲面

"填充曲面"命令可以从曲线或边的边界创建高质量的单个曲面，使用填充曲面的边界必须封闭，可以强制使用曲面穿过选定的曲线或小平面体，也可以通过交互方式推拉曲面，使曲面变得扁平或饱满。

执行"菜单"→"插入"→"曲面"→"填充曲面"命令，或在"曲面"工具栏"曲面"面板中单击"填充曲面"按钮，弹出如图 2-3-7 所示的"填充曲面"对话框。"边界"为要填充曲面的四周轮廓线，在"形状控制"选项组"方法"下拉列表有四个选项，分别是"无""充满""拟合至曲线"和"拟合至小平面体"，要获得光顺的形状，需要合理地选择形状控制方法。如图 2-3-8 所示的图形，"边界"依次选取四周轮廓边，在"形状控制"选项组"方法"中选择"拟合至曲线"，选择两条骨架线，单击"确定"按钮，得到填充曲面结果。

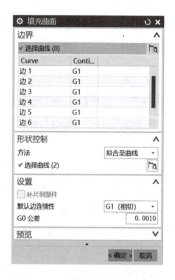

图 2-3-7 "填充曲面"对话框

图 2-3-8 填充曲面结果

四、艺术曲面

"艺术曲面"命令是用任意数量的截面曲线和引导线来创建曲面。其与通过曲线网格创建曲面类型相似，也是通过一条引导线来创建曲面。利用该选项可以改变曲面的复杂程度，而不必重新创建曲面。要进一步优化曲面，可以指定约束面和连续性、编辑曲面对齐点、控制曲面截面之间的过渡。修改曲面而不重新构造它，只需要对截面线串和引导线串执行添加、移除、重新排序或扫掠操作。

执行"菜单"→"插入→"网格曲面"→"艺术曲面"命令，或在"曲面"工具栏"曲面"面板中单击"艺术曲面"按钮，弹出如图 2-3-9 所示的"艺术曲面"对话框，艺术曲线的"截面（主要）曲线""引导（交叉）线"的选择及其结果如图 2-3-10 所示。

图 2-3-9 "艺术曲面"对话框

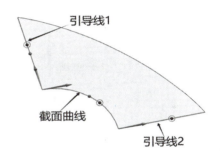

图 2-3-10 艺术曲面结果

五、N 边曲面

"N 边曲面"命令可以通过使用一组不限数量的曲线或边创建一个曲面，所选用的曲线或边必须组成一个简单、封闭的环。N 边曲面可指定所构曲面与外部边界曲面的连续性，还可通过"形状控制"选项来调整 N 边曲面的形状。

执行"菜单"→"插入"→"网格曲面"→"N 边曲面"命令，或在"曲面"工具栏"曲面"面板中单击"N 边曲面"按钮，弹出如图 2-3-11 所示的"N 边曲面"对话框。"外环"是产生多边曲面的边界轮廓，"约束面"是多边曲面需要相切或曲率连续的外部边界面。

（1）当曲面"类型"为"已修剪"时，可以进行"UV 方位"设置，"UV 方位"下拉列表有"脊线""矢量"和"面积"三种选择。

1）"脊线"：选择一个脊线来定义多边曲面的 V 方向。

2）"矢量"：通过一个矢量来定义多边曲面的 V 方向。

3）"面积"：通过指定长方形两个对角点来定义多边曲面的 UV 方向。

（2）当曲面"类型"为"三角形"时，系统可以对"形状控制"进行"中心控制"，"中心控制"方式有两种，即"位置"和"倾斜"。

1）"位置"：可以通过拖动"X""Y"或"Z"滑尺来移动曲面中心点的位置，从而调节所构曲面的形状。

2）"倾斜"：可以通过拖动"X""Y"滑尺来倾斜曲面中心所在的 X、Y 平面，而中心点的位置不变。

（3）"中心平缓"：可以通过滑尺调整曲面中心的平坦度。如图 2-3-12 所示的外环和内部曲线，"类型"选择"已修剪"，不勾选"修剪到边界"复选框和勾选"修剪到边界"复选框的结果分别如图 2-3-13 和图 2-3-14 所示。

图 2-3-11　"N 边曲面"对话框

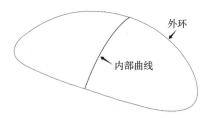

图 2-3-12　外环与内部曲线的选择

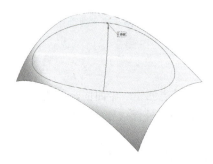

图 2-3-13　不勾选"修剪到边界"复选框结果

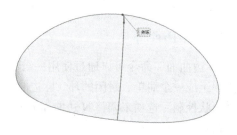

图 2-3-14　勾选"修剪到边界"复选框结果

自学自测

根据本书资源提供的如图 2-3-15 所示的 IGS 曲线，完成如图 2-3-16 所示的后视镜曲面造型设计。

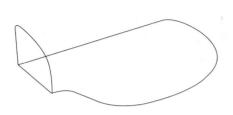

图 2-3-15　已知 IGS 曲线

图 2-3-16　后视镜曲面造型设计结果

1. 新建文件

打开 UG NX 10.0 软件，在建模界面，选择新建"模型"，建立新文件名，如图 2-3-17 所示。

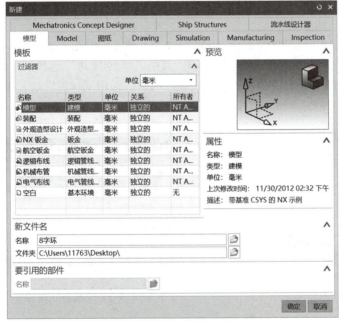

图 2-3-17　建模界面

8 字环建模
设计

2. 导入 IGS 线框

执行"菜单"→"文件"→"导入"→"IGES"命令，打开本书提供的 8 字环 .igs 文件。

3. 拉伸曲面

执行"菜单"→"插入"→"设计特征"→"拉伸"命令，或在"特征"工具栏中单击"拉伸"按钮，分别选择 IGS 已有曲线进行三次拉伸操作，拉伸"距离"输入"10"，在"设置"选项组"体类型"中选择"片体"选项，拉伸结果如图 2-3-18 所示。

137

4. 桥接曲线

执行"菜单"→"插入"→"派生曲线"→"桥接"命令，或在"曲线"工具栏中单击"桥接曲线"按钮，"起始对象"和"终止对象"选择如图2-3-19所示，如果预览曲线发生扭曲，在两曲线方向箭头处双击鼠标，更改桥接方向即可。单击"确定"按钮，即可得到如图2-3-20所示的桥接曲线结果。

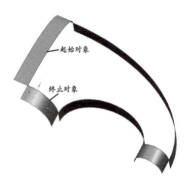

图 2-3-18　拉伸结果　　　　　　　图 2-3-19　起始对象和终止对象

5. 绘制直线

执行"菜单"→"插入"→"曲线"→"直线"命令，或在"曲线"工具栏中单击"直线"按钮，弹出如图2-3-21所示的"直线"对话框。其中，"起点选项"选择如图2-3-22所示桥接曲线的一个端点，顺着 X 轴方向输入直线长度"−15"。采用同样的方法，再次选择桥接曲线另一个端点，顺着 Y 轴方向输入直线长度"−15"，结果如图2-3-23所示。

图 2-3-20　桥接曲线结果　　　　　　　图 2-3-21　"直线"对话框

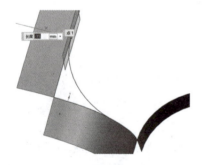

图 2-3-22　直线起点和终点　　　　　　　图 2-3-23　直线绘制结果

138

6. 艺术曲面

执行"菜单"→"插入"→"网格曲面"→"艺术曲面"命令，或在"曲面"工具栏中单击"艺术曲面"按钮，弹出如图 2-3-24 所示的"艺术曲面"对话框。

"截面（主要）曲线"选择上一步绘制的一条直线后，单击鼠标中键，再选择另外一条直线，此时"列表"选项中包括"截面线 1"和"截面线 2"。

"引导（交叉）曲线"选择桥接曲线。

在"连续性"选项组"第一截面"中选择"G1（相切）"，单击如图 2-3-25 所示的相切面 1，在"连续性"选项组"最后截面"中选择"G1（相切）"，单击如图 2-3-25 所示的相切面 2。单击"确定"按钮，得到如图 2-3-26 所示的结果。

图 2-3-24 "艺术曲线"对话框

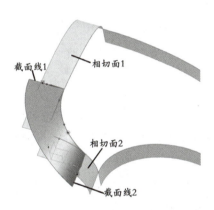

图 2-3-25 截面线和相切面的选择

7. 拉伸曲面

执行"菜单"→"插入"→"设计特征"→"拉伸"命令，或在"特征"工具栏中单击"拉伸"按钮，分别选择如图 2-3-27 所示的拉伸曲线 1 和拉伸曲线 2 进行两次拉伸操作，拉伸"距离"输入"15"，在"设置"选项组"体类型"中选择"片体"选项，拉伸结果如图 2-3-28 所示。

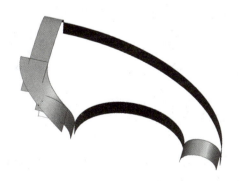

图 2-3-26 艺术曲面结果

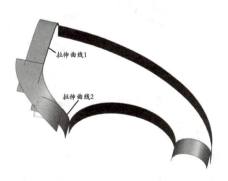

图 2-3-27 拉伸曲线

8. 通过曲线网格曲面

执行"菜单"→"插入"→"网格曲面"→"通过曲线网格"命令，或在"曲面"工具栏中单击"通过曲线网格"按钮，"主曲线"和"交叉曲线"的选择如图 2-3-29 所示。注意：每选择好一条曲线，一定要单击鼠标中键后再选择下一条曲线。

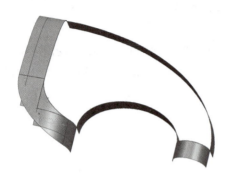

图 2-3-28　拉伸结果

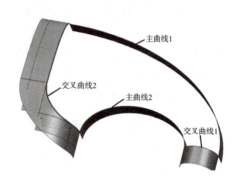

图 2-3-29　主曲线和交叉曲线

在"连续性"选项组中"第一主线串""最后主线串""第一交叉线串"和"最后交叉线串"均选择"相切"。各相切面选择如图 2-3-30 所示。

在"设置"选项组"体类型"中选择"片体"，单击"确定"按钮即可完成曲线网格曲面。

9. 隐藏曲面

在"视图"工具栏中单击"隐藏"按钮，或按〔Ctrl+B〕键，弹出"类选择"对话框，选中"艺术曲面"和步骤 7 的两个拉伸曲面，确定后曲面被隐藏。

10. 绘制直线

执行"菜单"→"插入"→"曲线"→"直线"命令，或在"曲线"工具栏中单击"直线"按钮，弹出"直线"对话框。其中，"起点选项"选择如图 2-3-31 所示桥接曲线的端点，顺着 X 轴方向输入直线长度"50"，单击"确定"按钮完成直线绘制。

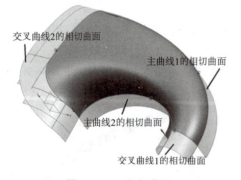

图 2-3-30　相切曲面

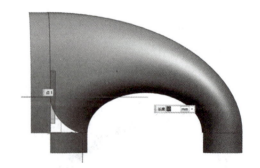

图 2-3-31　直线绘制

11. 修剪片体

执行"菜单"→"插入"→"修剪"→"修剪片体"命令，或在"曲面"工具栏中单击"修剪片体"按钮。如图 2-3-32 所示，"目标"选择通过曲线网格曲面，"边界"选择上一步创建的直线，"投影方向"选择"沿矢量"，"矢量"选择 Z 轴，确定完成后如图 2-3-33 所示。

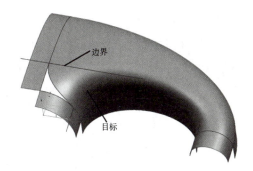

图 2-3-32 边界和目标

图 2-3-33 修剪片体结果

12.通过曲线网格曲面

执行"菜单"→"插入"→"网格曲面"→"通过曲线网格"命令，或在"曲面"工具栏中单击"通过曲线网格"按钮，"主曲线"和"交叉曲线"的选择如图 2-3-34 所示。注意：每选择好一条曲线，一定要单击鼠标中键后再选择下一条曲线。

在"连续性"选项组中"第一主线串""最后主线串""第一交叉线串""最后交叉线串"均选择"相切"，各相切面选择如图 2-3-35 所示。

在"设置"选项组"体类型"中选择"片体"选项，单击"确定"按钮，结果如图 2-3-36 所示。

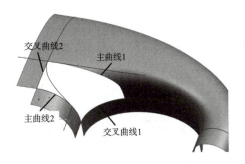

图 2-3-34 主曲线和交叉曲线

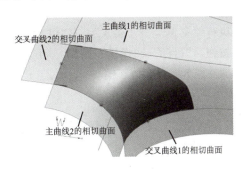

图 2-3-35 相切曲面

13.隐藏曲线、曲面

在"视图"工具栏中单击"隐藏"按钮，或按［Ctrl+B］键，弹出"类选择"对话框，选中各拉伸曲面和各曲线，确定后曲面被隐藏，结果如图 2-3-37 所示。

图 2-3-36 通过曲线网格结果

图 2-3-37 隐藏曲线、曲面结果

14. 镜像片体

（1）执行"菜单"→"插入"→"关联复制"→"抽取几何特征"命令，或在"曲面"工具栏中单击"抽取几何特征"按钮。"类型"选择"镜像体"，"选择体"选择已有曲面，"镜像平面"选择 *YOZ* 平面，得到如图 2-3-38 所示的结果。

（2）重复执行"抽取几何特征"命令，"类型"选择"镜像体"，"选择体"选择已有曲面，"镜像平面"选择 *XOZ* 平面，得到如图 2-3-39 所示的结果。

图 2-3-38 *YOZ* 镜像平面结果　　　　　图 2-3-39 *XOZ* 镜像平面结果

（3）重复执行"抽取几何特征"命令，"类型"选择"镜像体"，"选择体"选择已有曲面，"镜像平面"选择 *XOY* 平面。

15. 缝合曲面

执行"菜单"→"插入"→"组合"→"缝合"命令，或在"曲面"工具栏中单击"缝合"按钮。"目标"选择任一曲面，"工具"框选其他所有曲面即可。缝合后的曲面已经实体化，即完成 8 字环实体建模。

素质拓展

凭实力证明"我行"——陈行行

核武器的非核零部件加工，具有极强的工作难度。"平时工作每天都上演着各种难度"，没有十二分的热情与耐性，是很难坚持与突破的。加工一个零部件，最快的周期是几个小时，而最慢的需要一年多的时间才能完成。

"你能做，别人也能做，只有不可替代才有话语权。"中国工程物理研究院机械制造工艺研究所加工中心操作工、特聘高级技师、全国五一劳动奖章获得者、全国优秀共青团员、全国技术能手陈行行如是说。

他为自己写下了这样的人生信条："投身国防，扎根岗位，技能成就人生，学习创造未来。"

"光说不练假把式，又说又练真功夫。""比赛是我们技能人员的一个快速成长的通道。"从 2008 年至今，他先后参加了十余次各级别、各层次的职业技能大赛。比赛不仅让他成长，也让他有幸进入到核武器科技事业中从事高精尖产品的工作。

在中国工程物理研究院机械制造工艺研究所工会与人事教育处的支持下，经过层层选拔，陈行行成功入选参加第六届全国数控技能大赛。当时研究所设备紧张，没有专门的设备可供他训练，研究所工会与人事教育处寻找到成都两家和绵阳一家合适的四轴加工车间，最后定于绵阳车间来训练。"千锤百炼出深山"，加工车间位于绵阳园艺山的半山腰，训练环境也艰苦。陈行行为备赛早起，带一片面包就赶往车间，时间紧、任务重，忙起来顾不上吃饭，实在饿了就啃一口面包接着训练。

"我并不会叫苦不迭，反而乐在其中。"一次次的比赛和高强度的训练，帮助他迅速提升了技术水平。比赛中不会有太多的思考时间，"水平越高超，在比赛中就越突出。"这是比赛吸引他的关键所在，也是国家选拔人才的最好渠道。最终在第六届全国数控技能大赛中，他顺利荣获加工中心（四轴）赛项职工组第1名，被中华全国总工会授予全国五一劳动奖章。

"不是参加比赛，就是在参加比赛的路上。"他平时没有特殊的爱好，别人喊他去看电影，他心里、脑子里却都是练习的画面。在学校的时候，没课了他就在机房练习，基本上一天练习十几个小时。工作后，他都是挤出下班后或周末时间来练习。家里没有机房，就在计算机上通过仿真软件达到练习的效果。"技术就是一层窗户纸，会了就是会了，受益终身。"

"只要思想不滑坡，办法总比困难多"，陈行行不仅勤奋，更爱琢磨、学习，他的技术水平靠的不是简单的熟能生巧。面对每天上演的个个难关，知识阅历起到了关键作用，使他在难关节点上能够及时产生种种奇思妙想。

最早单位引进一批分子泵，里面的动叶轮是分级的。做分级，通俗来讲就是拼接，但效果不是特别好。动叶轮设计多达144片薄壁叶片，最高转速高达每分钟9万转。144片叶片要达到一致性，加工难度可想而知，有没有既能提高效率又能使质量达标的办法呢？

深思熟虑之后，陈行行完全推翻了以前的工艺手法，对设备、程序、加工方法进行优化，最终成功做出了整体加工的动叶轮。加工效果非常好，由原来加工需要9个小时，到现在只需要2个小时，效率提高4倍多，加工质量更是大幅度提高。

除练习外，去图书馆充实学习是他的第二大事。理论与实践结合，让他攻克一个个难关。体会到知识的强大力量后，他更加热爱学习。"整个社会都在飞速前进，新知识、新技术日新月异，自己绝不能安于现状，一定要不断学习，终身学习，在数控加工领域永葆创造力和竞争力。"

"知识今天不学，明天就缺。"正是用这种厚积薄发的力量，陈行行把一个个不可能变成现实，也正是这种近乎苛刻的责任意识，才让他啃下了一个又一个"硬骨头"。

"吾生有涯，而知无涯"，陈行行时刻把感恩放在心上、挂在嘴边，把功劳归功于平台。2011年陈行行被山东省人力资源和社会保障厅授予山东省技术能手，被山东省总工会授予山东省富民兴鲁劳动奖章，其优异的成绩被中国工程物理研究院机械制造工艺研究所看中，并来到了研究院。中国工程物理研究院机械制造工艺研究所分一、三、五年的周期培训和考核，要求一年实现独立操作，三年达到高级工水平，五年达到技师水平。仅仅7年的时间，他成长为原本需要16年时间才能完成的技师训练。那些多年工作、学习和比赛积累的心得经验、窍门绝活，他都毫不保留地分享给其他同事。

他除了做好自己的事情外，还兼任着所里数控方面的培训教师，从选材、备课到教学，全部都是尽心尽力完成好。经他培训和指导的选手有3人分别获国家级技能比赛职工组第4名、第7名和第11名，还有4人次获四川省级职工组的前五名。他还多次应邀在四川省总工会、中机维协（绵阳）和中物院培训中心等单位举办的技能培训班上授课。

用陈行行自己的话说就是："人生只有一次，不拼不精彩，我要凭着实力和勇气，大声说出'我行'。"

8字环建模设计工作单

计划单

学习情境二	曲面建模设计		任务三	8字环建模设计
工作方式	组内讨论、团结协作，共同制订计划； 小组成员进行工作讨论，确定工作步骤		计划学时	0.5 学时
完成人	1.　　　　　　　　　2. 4.　　　　　　　　　5.		3. 6.	

计划依据：8 字环 IGS 线框图

序号	计划步骤	具体工作内容描述
1	准备工作 （准备软件、图纸、工具、量具，谁去做？）	
2	组织分工 （成立组织，人员具体都完成什么？）	
3	制订造型设计过程方案 （先设计什么？再设计什么？最后完成什么？）	
4	8 字环建模设计 （设计前准备什么？使用哪些命令？设计参数如何输入？如何完成设计？设计过程中发现哪些问题？如何解决？）	
5	整理资料 （谁负责？整理什么？）	
制订计划说明	（写出组内成员在完成任务方面的主要建议或可以借鉴的建议、需要解释的某一方面）	

学习情境二	曲面建模设计	任务三	8 字环建模设计
决策学时		0.5 学时	

决策目的：8 字环建模设计方案对比分析，比较设计质量、设计时间、设计成本等

	方案组员	设计的可行性（设计质量）	设计的合理性（设计时间）	设计的经济性（设计成本）	综合评价
设计方案对比	1				
	2				
	3				
	4				
	5				
	6				
决策评价	结果：（根据组内成员设计方案对比分析，对自己的设计方案进行修改并说明修改原因，最后确定一个最佳方案）				

检查单

学习情境二	曲面建模设计	任务三	8 字环建模设计
评价学时		课内 0.5 学时	第　组
检查目的及方式	教师监控小组的工作情况，如果检查等级为不合格，则小组需要整改，并拿出整改说明		

序号	检查项目	检查标准	检查结果分级 （在检查相应的分级框内划"√"）				
			优秀	良好	中等	合格	不合格
1	准备工作	资源是否已查到，材料是否准备完整					
2	分工情况	安排是否合理、全面，分工是否明确					
3	工作态度	小组工作是否积极主动、全员参与					
4	纪律出勤	是否按时完成负责的工作内容、遵守工作纪律					
5	团队合作	是否相互协作、互相帮助，成员是否听从指挥					
6	创新意识	任务完成不照搬照抄，看问题具有独到见解、创新思维					
7	完成效率	工作单是否记录完整，是否按照计划完成任务					
8	完成质量	工作单填写是否准确，设计过程、尺寸公差是否达标					
检查 评语						教师签字：	

任务评价

小组工作评价单

学习情境二	曲面建模设计	任务三	8字环建模设计
评价学时		课内 0.5 学时	
班级：		第 组	

考核情境	考核内容及要求	分值（100）	小组自评（10%）	小组互评（20%）	教师评价（70%）	实得分（∑）
汇报展示（20）	演讲资源利用	5				
	演讲表达和非语言技巧应用	5				
	团队成员补充配合程度	5				
	时间与完整性	5				
质量评价（40）	工作完整性	10				
	工作质量	5				
	报告完整性	25				
团队情感（25）	社会主义核心价值观	5				
	创新性	5				
	参与率	5				
	合作性	5				
	劳动态度	5				
安全文明（10）	工作过程中的安全保障情况	5				
	工具正确使用和保养、放置规范	5				
工作效率（5）	能够在要求的时间内完成，每超时 5 分钟扣 1 分	5				

小组成员素质评价单

学习情境二	曲面建模设计	任务三	8字环建模设计
班级	第　组	成员姓名	

评分说明	每个小组成员评价分为自评和小组其他成员评价两部分，取平均值计算，作为该小组成员的任务评价个人分数。评价项目共设计5个，依据评分标准给予合理量化打分。小组成员自评分后，要找小组其他成员以不记名方式打分

评分项目	评分标准	自评分	成员1评分	成员2评分	成员3评分	成员4评分	成员5评分
核心价值（20分）	是否有违背社会主义核心价值观的思想及行动						
工作态度（20分）	是否按时完成负责的工作内容、遵守纪律，是否积极主动参与小组工作，是否全过程参与，是否吃苦耐劳，是否具有工匠精神						
交流沟通（20分）	是否能良好地表达自己的观点，是否能倾听他人的观点						
团队合作（20分）	是否与小组成员合作完成任务，做到相互协作、互相帮助、听从指挥						
创新意识（20分）	看问题是否能独立思考，提出独到见解，是否能够用创新思维解决遇到的问题						
小组成员最终得分							

课后反思

学习情境二	曲面建模设计	任务三	8字环建模设计
班级		第　组	成员姓名	

情感反思	通过对本任务的学习和实训，你认为自己在社会主义核心价值观、职业素养、学习和工作态度等方面有哪些需要提高的部分？
知识反思	通过对本任务的学习，你掌握了哪些知识点？请画出思维导图。
技能反思	在完成本任务的学习和实训过程中，你主要掌握了哪些技能？
方法反思	在完成本任务的学习和实训过程中，你主要掌握了哪些分析和解决问题的方法？

149

根据图 2-3-40 所示的拉环二维图纸，完成如图 2-3-41 所示的拉环造型设计。

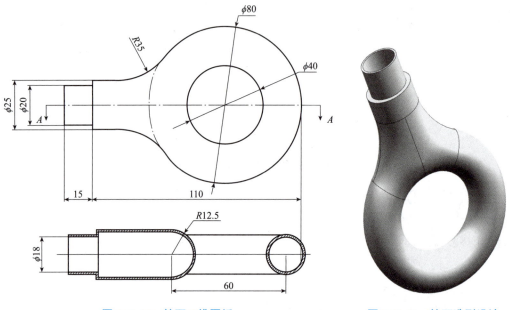

图 2-3-40　拉环二维图纸

图 2-3-41　拉环造型设计

1. 新建文件

打开 UG NX 10.0 软件，在建模界面，选择新建"模型"，建立新文件名，如图 2-3-42 所示。

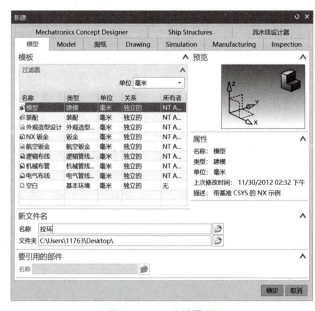

图 2-3-42　建模界面

2. 绘制草图

执行"菜单"→"插入"→"草图"命令，或在"草图"工具栏中单击"草图"按钮，选择 *XOY* 平面创建草图。

执行"菜单"→"插入"→"草图曲线"→"圆"命令，或在"草图"工具栏中单击"圆"按钮，以草图原点为圆心绘制 $\phi 80$ 和 $\phi 60$ 的圆。

执行"菜单"→"插入"→"草图曲线"→"直线"命令，或在"草图"工具栏中单击"直线"按钮，绘制长度为 25、20 和 15 的直线。

执行"菜单"→"插入"→"草图约束"→"尺寸"→"快速"命令，或在"草图"工具栏中单击"快速尺寸"按钮，尺寸如图 2-3-43 所示。

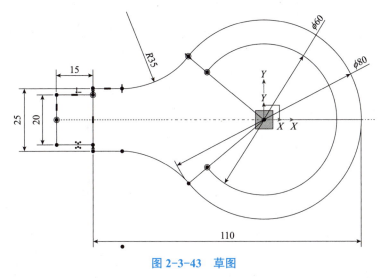

图 2-3-43　草图

3. 绘制草图

（1）执行"菜单"→"插入"→"草图"命令，或在"草图"工具栏中单击"草图"按钮。

（2）"草图类型"选择"基于路径"，"路径"选择 $\phi 60$ 的圆弧，在"平面位置"选项组"位置"中选择"弧长百分比"，"弧长百分比"输入"0"，进入草图后过草图原点绘制 $\phi 20$ 的圆，结果如图 2-3-44 所示。

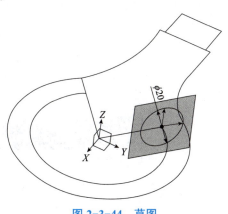

图 2-3-44　草图

4. 扫掠曲面

执行"菜单"→"插入"→"扫掠"→"扫掠"命令，弹出如图 2-3-45 所示的"扫掠"对话框，"截面"选择 φ20 的圆，"引导线"选择 φ60 的圆弧。在"设置"选项组"体类型"中选择"片体"选项，单击"确定"按钮，得到如图 2-3-46 所示的结果。

图 2-3-45　"扫掠"对话框

图 2-3-46　扫掠结果

5. 绘制草图

执行"菜单"→"插入"→"草图"命令，或在"草图"工具栏中单击"草图"按钮，选择 XOZ 平面创建如图 2-3-47 所示的草图。

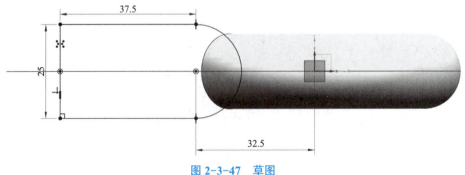

图 2-3-47　草图

6. 绘制草图

执行"菜单"→"插入"→"草图"命令，或在"草图"工具栏中单击"草图"按钮，选择 *XOY* 平面创建草图。以草图原点为圆心绘制 ϕ40 的圆。结果如图 2-3-48 所示。

7. 旋转曲面

执行"菜单"→"插入"→"设计特征"→"旋转"命令，或在"特征"工具栏中单击"旋转"按钮。"截面"选择如图 2-3-49 所示的直线，在"轴"选项组"指定矢量"中选择 *X* 轴，在"设置"选项组"体类型"中选择"片体"选项，旋转结果如图 2-3-50 所示。

图 2-3-48　草图结果

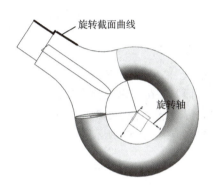

图 2-3-49　旋转截面曲线和旋转轴

8. 拉伸曲面

（1）在"特征"工具栏中单击"拉伸"按钮，选择如图 2-3-51 所示的两段圆弧为拉伸对象；拉伸方向为 *Z* 轴方向，拉伸长度为"5"，在"设置"选项组"体类型"中选择"片体"。

图 2-3-50　旋转结果

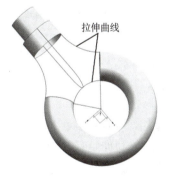

图 2-3-51　拉伸曲线 1

（2）在"特征"工具栏中单击"拉伸"按钮，选择如图 2-3-52 所示的直线和圆弧为拉伸对象；拉伸方向为 *Y* 轴方向，拉伸长度为"5"，在"设置"选项组"体类型"中选择"片体"。拉伸结果如图 2-3-53 所示。

9. 隐藏曲线

在"视图"菜单单击"显示和隐藏"按钮，或按〔Ctrl+W〕键，弹出"显示和隐藏"对话框，在"类型"→"草图"对应"隐藏"列单击减号，相关的草图曲线被隐藏。

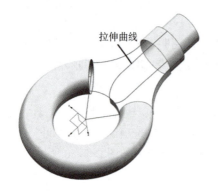

拉伸曲线

图 2-3-52　拉伸曲线 2　　　　　　　图 2-3-53　拉伸结果

10. 填充曲面

执行"菜单"→"插入"→"曲面"→"填充曲面"命令，或在"曲面"工具栏中单击"填充曲面"按钮，弹出如图 2-3-54 所示的"填充曲面"对话框。

"边界"选择如图 2-3-55 所示的五个曲面的边。该命令自动填充出与这五个曲面相切的曲面，结果如图 2-3-56 所示。

图 2-3-54　"填充曲面"对话框

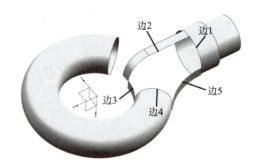

图 2-3-55　边的选择

11. 隐藏拉伸曲面

在"视图"工具栏中单击"隐藏"按钮，或按［Ctrl+B］键，弹出"类选择"对话框，选中步骤 8 的几个拉伸曲面，确定拉伸曲面被隐藏。

12. 镜像片体

（1）执行"菜单"→"插入"→"关联复制"→"抽取几何特征"命令，或在"曲面"工具栏中单击"抽取几何特征"按钮。"类型"选择"镜像体"，"选择体"选择填充曲面，"镜像平面"选择 *XOZ* 平面。

（2）重复执行"抽取几何特征"命令，"类型"选择"镜像体"，"选择体"选择填充曲面和上一步镜像曲面，"镜像平面"选择 *XOY* 平面，得到如图 2-3-57 所示的镜像结果。

13. 缝合曲面

执行"菜单"→"插入"→"组合"→"缝合"命令，或在"曲面"工具栏中单击"缝合"按钮。"目标"选择任一曲面，"工具"下拉列表选择其他所有曲面即可。缝合后的曲面已经实体化，即完成拉环实体建模。

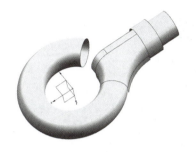

图 2-3-56　填充曲面结果

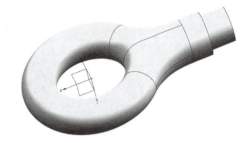

图 2-3-57　镜像结果

14. 加厚曲面

执行"菜单"→"插入"→"偏置/缩放"→"加厚"命令，或在"曲面"工具栏中单击"加厚"按钮。弹出如图 2-3-58 所示的"加厚"对话框，"面"选择缝合后的曲面，在"厚度"选项组"偏置 1"中输入厚度"1"，即完成如图 2-3-59 所示的拉环实体建模。

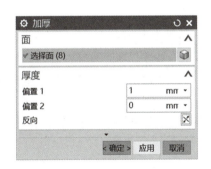

图 2-3-58　"加厚"对话框

图 2-3-59　实体结果

 课后作业

根据本书资源提供的如图 2-3-60 所示的 IGS 曲线，完成如图 2-3-61 所示的曲面造型设计。

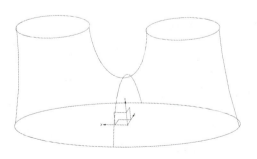

图 2-3-60　已知 IGS 曲线

图 2-3-61　曲面造型设计结果

学习情境 三

三维装配设计

学习指南

❀ 情境导入

　　某机械零件设计生产公司的设计研发部接到两项生产任务，研发设计人员需要根据零件图纸和完成的实体造型设计，使用软件装配命令，完成"手动气阀""虎钳"等零件的三维装配设计，设计后的零件须达到图纸要求的装配精度等。

❀ 学习目标

知识目标

1. 熟悉 UG NX 10.0 装配设计模块的功能。

2. 掌握装配的相关术语和概念，以及在装配环境中的下拉菜单及工具栏。

3. 掌握装配约束对话框、接触对齐约束、距离约束、固定约束等。

4. 掌握零件装配过程的一般流程。

5. 掌握装配干涉检查。

6. 掌握爆炸图工具栏、爆炸图的新建和删除、爆炸图的编辑等内容。

能力目标

1. 能够熟练完成产品三维装配设计。

2. 能够熟练创建装配序列、装配和拆卸动画。

3. 能够熟练完成爆炸图的创建和编辑。

4. 能够熟练使用装配约束各命令。

素质目标

1. 树立成本意识、质量意识、创新意识，养成勇于担当、团队合作的职业素养。

2. 初步养成工匠精神、劳动精神、劳模精神，以劳树德、以劳增智、以劳创新。

⚙ **工作任务**

| 任务一 | 手动气阀的三维装配设计 | 参考学时：4 学时（课外 4 学时） |
| 任务二 | 虎钳的三维装配设计 | 参考学时：4 学时（课外 4 学时） |

任务一　手动气阀的三维装配设计

 任务工单

手动气阀的三
维装配设计

学习情境三	三维装配设计	任务一	手动气阀的三维装配设计
任务学时		4 学时（课外 4 学时）	
布置任务			
任务目标	1. 掌握装配组件中的添加组件对话框。 2. 掌握装配约束的一般步骤。 3. 掌握装配约束类型。 4. 掌握装配组件中的组件阵列。 5. 掌握装配中引用集的使用。 6. 掌握装配导航器的使用。 7. 能够熟练创建装配序列、装配和拆卸动画。 8. 能够熟练完成爆炸图的创建和编辑		
任务描述	如图 3-1-1 所示的手动气阀装配图由 6 种共 9 个零件组成。其中，密封圈 4 个，其他均为单件。在这些零件中，气阀杆与其他零件装配关系最多，其上装有 4 个密封圈，与芯杆、螺母是螺纹连接，与阀体是滑动配合关系。 　　每组分别使用 UG 软件完成手动气阀的装配设计，各小组应了解如下具体内容： 　　1. 了解手动气阀的基本结构和工作原理。 　　2. 掌握手动气阀装配过程的基本方法。 　　3. 掌握装配各对话框的使用		

学习情境三	三维装配设计	任务一	手动气阀的三维装配设计
任务学时		4学时（课外4学时）	

布置任务

任务描述	

图 3-1-1　手动气阀装配图

1—手柄球；2—气杆阀；3—芯杆；4—密封圈；5—阀体；6—螺母

学时安排	资讯 1学时	计划 0.5学时	决策 0.5学时	实施 1学时	检查 0.5学时	评价 0.5学时

提供资源	1.手动气阀各零件图纸、三维实体造型。 2.电子教案、课程标准、多媒体课件、教学演示视频及其他共享数字资源。 3.手动气阀零件模型。 4.游标卡尺等工具和量具

对学生学习及成果的要求	1.学生具备手动气阀的装配图的识读能力。 2.严格遵守实训基地各项管理规章制度。 3.对比手动气阀零件三维模型与零件图，分析结构是否正确，尺寸是否准确。 4.每位同学均能按照学习导图自主学习，并完成课前自学的问题训练和自学自测。 5.严格遵守课堂纪律，学习态度认真、端正，能够正确评价自己和同学在本任务中的素质表现。 6.每位同学必须积极参与小组工作，承担零件设计过程、零件校验等工作，做到能够积极主动、不推诿，能够与小组成员合作完成工作任务。 7.每位同学均须独立或在小组同学的帮助下完成任务工作单、加工工艺文件等内容。 8.根据提供的手动气阀各零件图纸、手动气阀零件装配设计视频等教学资源，请对照检查，并确认签字，对有错误的地方及时修改。 9.每组必须完成任务工单，并提请教师进行小组评价，小组成员分享小组评价分数或等级。 10.每位同学均完成任务反思，以小组为单位提交

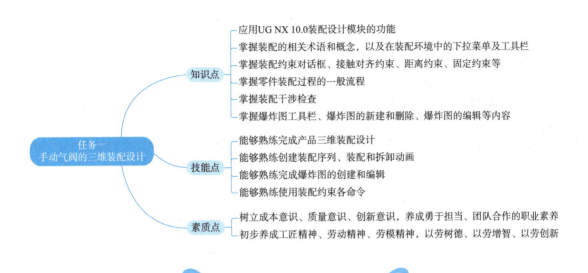

知识点
- 应用UG NX 10.0装配设计模块的功能
- 掌握装配的相关术语和概念，以及在装配环境中的下拉菜单及工具栏
- 掌握装配约束对话框、接触对齐约束、距离约束、固定约束等
- 掌握零件装配过程的一般流程
- 掌握装配干涉检查
- 掌握爆炸图工具栏、爆炸图的新建和删除、爆炸图的编辑等内容

任务一
手动气阀的三维装配设计

技能点
- 能够熟练完成产品三维装配设计
- 能够熟练创建装配序列、装配和拆卸动画
- 能够熟练完成爆炸图的创建和编辑
- 能够熟练使用装配约束各命令

素质点
- 树立成本意识、质量意识、创新意识，养成勇于担当、团队合作的职业素养
- 初步养成工匠精神、劳动精神、劳模精神，以劳树德、以劳增智、以劳创新

课前自学

1. 进入装配

装配是指 UG 通过"装配"模块将零部件组合成产品，它是通过装配条件在部件之间建立约束关系来确定空间位置的。在 UG 中装配是虚拟装配，部件几何体是被引用到装配中的，而不是被复制到装配中的，部件几何体仍放在原来的文件中。如果某部件被修改，则引用它的装配部件自动更新，以反映部件的最新变化。

（1）装配术语。

1）装配体和子装配体。装配体是机械设计中学过的整件；子装配体是部件。装配体由子装配体和组件装配而成。

2）组件。组件是指在装配模型中指定配对方式的零件或部件。组件既可以是单个零件，也可以是一个子装配体。组件对象是一个从装配部件链接到主模型的指针实体，组件对象记录的信息包括名称、图层、颜色、线型、线宽、引用集和配对条件等。

3）单个零件。单个零件是指含有零件几何模型的 .prt 文件。

4）自底向上装配。自底向上装配是指先建立单个零件的几何模型，再组装成子装配体，最后组装成装配体，由底向上逐级进行设计。

5）自顶向下装配。自顶向下装配是指由装配体的顶级向下产生子装配体和组件，在装配层次上建立和编辑组件，由装配体的顶级向下进行设计。

6）混合装配。在实际工作中，根据需要可以混合运用自底向上装配和自顶向下装配两种方法。

7）主模型。主模型是供 UG 各个模块引用的部件模型，而且同一主模型可同时被多个模块引用。当主模型修改时,相关应用自动更新,工程图、装配、加工、有限元分析等应用都根据部件主模型的改变自动更新。

8)工作部件。工作部件是指图形区中正在进行编辑、操作的部件,也是显示部件。工作部件只有一个,当某个部件被定义为工作部件时,其余显示部件将变为灰色。

9)显示部件。在装配应用中,图形区中所有能看见的部件都是显示部件。

(2)进入装配环境。

1)新建装配文件。执行"开始"→"所有程序"→"Siemens 10.0"→NX 10.0 命令(或双击桌面上 NX 10.0 的快捷图标),进入 UG NX 10.0 初始界面。

单击"新建"按钮,弹出"新建"对话框,如图 3-1-2 所示,选择"模型"选项卡,在"模板"组中,"单位"选择"毫米",选择"名称"是"装配"的模块。在"新文件名"组的"名称"文本框中输入装配文件的名称,在"文件夹"文本框中设置新建文件的存放目录,单击"确定"按钮。

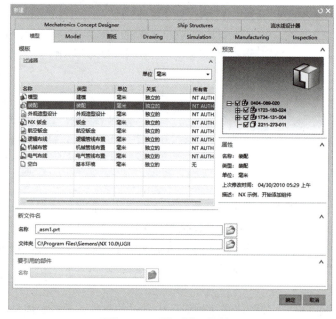

图 3-1-2 "新建"对话框

2)添加组件。执行"菜单"→"装配"→"组件"→"添加组件"命令,或单击"装配"工具栏"组件"面板中的"添加"按钮 ,弹出如图 3-1-3 所示的"添加组件"对话框。

①"部件"组:选择部件。在图形区直接选择要装配的组件。

②"已加载的部件"组:列表中列出了当前已经打开的部件。

a. 打开:单击该按钮,可将硬盘中的部件加载到 UG 程序中。

b. 保持选定:用于连续添加。

c. 数量:当一个装配体需要添加多个相同的部件时,输入相应的数值。

③"位置"组:用于确定组件在装配中的定位方式。

a. 组件锚点:坐标系来自要放置的部件。

b. 装配位置:装配中部件的目标坐标系,在下拉列表中包括以下选项:

a）对齐：通过选择位置来定义坐标系。

b）绝对坐标系 – 工作部件：将组件放置于当前工作部件的绝对原点。

c）绝对坐标系 – 显示部件：将组件放置于显示装配的绝对原点。

d）工作坐标系：将组件放置于工作坐标系。

④"放置"组：选择用移动或约束的方式进行定位。

⑤"设置"组：

a. 分散组件：选择添加多个组件或同一组件多个数量时，能分散进入到图形区。

b. 保持约束：确定或应用时保持装配约束。

c. 预览：在图形区显示要添加的组件。

d. 启用预览窗口：显示额外图形窗口，展示要添加的组件。

e. 引用集：用于改变引用集。

图 3-1-3 "添加组件"对话框

f. 图层选项：用于设置添加组件到装配中的哪一层。其下拉列表包括："原始的"，表示添加的组件放置在该组件创建时所在的图层中；"工作的"，表示添加的组件放置在装配体的工作层中；"按指定的"，表示添加的组件放置在指定的图层中。

2. 装配约束

装配约束是指通过定义两个组件之间的约束条件来确定组件在装配体中的位置。

在如图 3-1-3 所示"添加组件"对话框的"约束类型"组中直接选择约束类型；或执行"菜单"→"装配"→"组件位置"→"装配约束"命令，或单击"装配"工具栏"组件位置"面板中的"装配约束"按钮 📐 装配约束，系统弹出如图 3-1-4 所示的"装配约束"对话框。

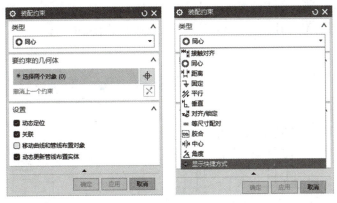

图 3-1-4 "装配约束"对话框

（1）接触对齐：用于约束两个对象对齐（或接触）。

（2）角度：用于定义两个对象间的角度。

（3）平行：用于约束两个对象的方向矢量彼此平行。

（4）垂直：用于约束两个对象的方向矢量彼此垂直。

（5）同心：用于约束两个组件的圆形边界或椭圆边界，以使中心重合，边界面共面。

（6）中心：用于约束两个对象的中心对齐。

（7）距离：用于确定两个相配对象间的最小三维距离。

（8）固定：用于将对象固定在当前位置。

（9）适合窗口：用于约束具有等半径的两个对象，如圆边或椭圆边、圆柱面或球面。

（10）胶合：用于将对象约束到一起，以使它们作为刚体移动。

3. 引用集

在装配中，由于各个组件可能含有草图、基准平面、片体等，如果全部参与装配，会使图形纷繁复杂、难以分辨，通过运用引用集，在组件中定义的部分几何对象，由其代表组件进行装配，一方面可使图形简洁、清晰；另一方面可节省内存资源。

执行"菜单"→"格式"→"引用集"命令，系统弹出如图3-1-5所示的"引用集"对话框。该对话框用于对引用集进行创建、删除、编辑属性、查看信息等操作。

（1）创建引用集。

步骤1：单击"添加新的引用集"按钮。

步骤2：在"引用集名称"文本框中输入引用集的名称。

步骤3：选择要添加到引用集中的几何对象。

步骤4：单击"关闭"按钮。

（2）对话框按钮说明。

1）"删除"按钮 ✕：用于删除组件或子装配中已创建的引用集。

2）"属性"按钮 🔧：用于编辑所选引用集的属性。

3）"信息"按钮 ⅰ：用于显示当前组件中已存在的引用集的信息。

图 3-1-5 "引用集"对话框

自学自测

完成滑动轴承的三维装配设计（图3-1-6～图3-1-12）。

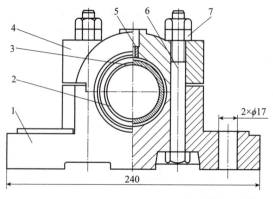
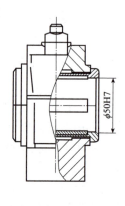

图 3-1-6 滑动轴承装配图

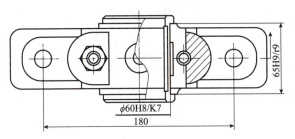

7	2-8-7	螺母	45	4
6	2-8-6	螺栓	45	2
5	2-8-5	轴衬固定套	45	1
4	2-8-3	轴承盖	HT150	1
3	2-8-4	上衬套	黄铜	1
2	2-8-2	下衬套	黄铜	1
1	2-8-1	轴承座	HT150	1
序号	图号	名称	材料	数量

图 3-1-6　滑动轴承装配图（续）

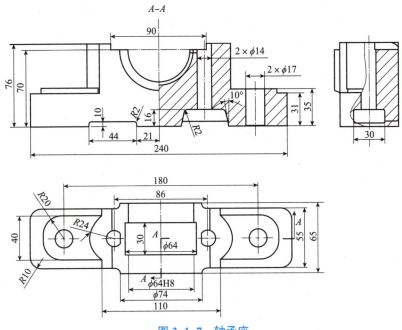

图 3-1-7　轴承座

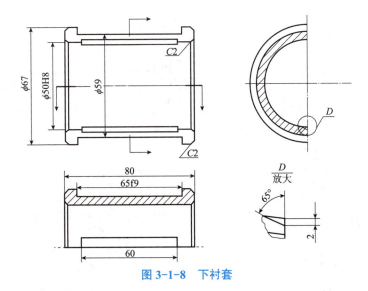

图 3-1-8　下衬套

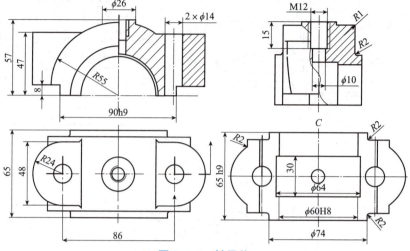

图 3-1-9　轴承盖

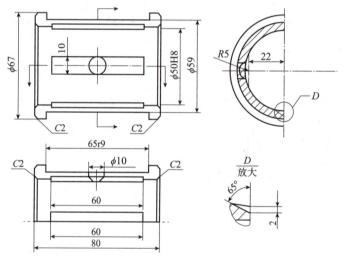

图 3-1-10　上衬套

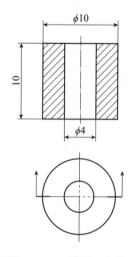

图 3-1-11　轴衬固定套

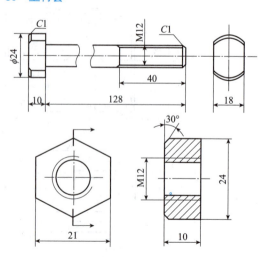

图 3-1-12　螺母

任务实施

一、手动气阀的三维装配设计

（1）选择气杆阀部件。
（2）调入气杆阀部件。
（3）添加现有部件和组件预览。
（4）重定位气杆阀组件。
重定位后的气杆阀如图 3-1-13 所示。
注意事项： 气杆阀需重定位才能进行装配。

二、四个密封圈的装配

（1）选择"配对条件"对话框中的"中心"。
（2）选择密封圈旋转轴和沟槽的径向面进行匹配。
（3）选择密封圈中径向基准轴和沟槽侧平面，输入距离"1.05"。
（4）预览安装情况。
（5）将余下的三个密封圈用相同的方法进行安装。
组装完成的四个密封圈如图 3-1-14 所示。
注意事项： 密封圈在气杆阀沟槽中的旋转角度可任意。

图 3-1-13　重定位后的气杆阀

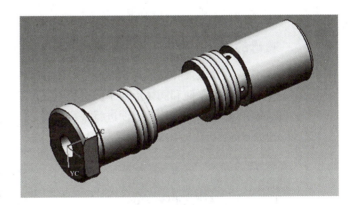

图 3-1-14　组装完成的四个密封圈

三、芯杆的装配

（1）选择芯杆外螺纹面和气杆阀内螺纹面进行匹配。
（2）选择芯杆 $\phi20$ 圆柱面和气杆阀 $\phi18$ 圆柱面进行面对接定位。
（3）选择芯杆和气杆阀侧平面进行平行匹配。
组装完成的芯杆如图 3-1-15 所示。

四、手柄球的装配

（1）选择手柄球内螺纹和芯杆外螺纹进行配对。

（2）选择手柄球下端平面和芯杆圆柱端面进行配对。

组装完成的手柄球如图 3-1-16 所示。

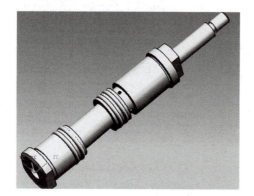

图 3-1-15　组装完成的芯杆

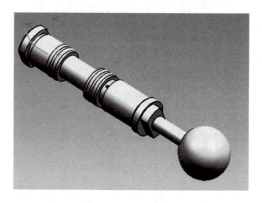

图 3-1-16　组装完成的手柄球

五、阀体的装配

（1）选择阀体内孔圆柱面与气杆阀外圆柱面中心进行配对。

（2）选择阀体底平面和气杆阀上部平面进行配对。

（3）选择零件两侧平面进行平行配对。

组装完成的阀体如图 3-1-17 所示。

六、螺母的装配

（1）选择螺母内螺纹面和阀体外螺纹面进行中心配对。

（2）选择螺母上端平面和阀体上端平面进行对齐配对。

（3）选择螺母侧平面和阀体侧平面进行平行配对。

组装完成的螺母如图 3-1-18 所示。

图 3-1-17　组装完成的阀体

图 3-1-18　组装完成的螺母

北斗导航定位卫星

北斗卫星导航系统（BeiDou Navigation Satellite System，BDS）是中国自行研制的全球卫星导航系统，是继美国全球定位系统（GPS）、俄罗斯格洛纳斯卫星导航系统（GLONASS）之后第三个成熟的卫星导航系统。北斗卫星导航系统（BDS）和美国GPS、俄罗斯GLONASS、欧盟GALILEO（伽利略卫星导航系统）是联合国卫星导航委员会已认定的供应商。

北斗卫星导航系统由空间段、地面段和用户段三部分组成，可在全球范围内全天候、全天时为各类用户提供高精度、高可靠定位、导航、授时服务，并具备短报文通信能力，已经初步具备区域导航、定位和授时能力，定位精度10 m，测速精度0.2 m/s，授时精度10 ns。

2018年12月26日，北斗三号基本系统开始提供全球服务。2019年9月，北斗卫星导航系统正式向全球提供服务，在轨39颗卫星中包括21颗北斗三号卫星：有18颗运行于中圆轨道、1颗运行于地球同步轨道、2颗运行于倾斜地球同步轨道。2019年9月23日5时10分，西昌卫星发射中心用长征三号乙运载火箭，以"一箭双星"方式成功发射第47、48颗北斗导航卫星。2019年11月5日凌晨1时43分，成功发射第49颗北斗导航卫星，北斗三号系统最后一颗倾斜地球同步轨道（IGSO）卫星全部发射完毕。至此北斗三号系统3颗倾斜地球同步轨道卫星全部发射完毕，标志着该轨道组网顺利完成。2019年12月16日15时22分，在西昌卫星发射中心以"一箭双星"方式成功发射第52、第53颗北斗导航卫星。至此，所有中圆地球轨道卫星全部发射完毕。

2020年3月9日19时55分，中国在西昌卫星发射中心用长征三号乙运载火箭，成功发射北斗卫星导航系统第54颗导航卫星，实现组网。

手动气阀的三维装配设计工作单

计划单

学习情境三	三维装配设计		任务一	手动气阀的三维装配设计
工作方式	组内讨论、团结协作，共同制订计划； 小组成员进行工作讨论，确定工作步骤		计划学时	0.5学时
完成人	1.　　　　　　　　　2. 4.　　　　　　　　　5.		3. 6.	
计划依据：手动气阀各零件图				
序号	计划步骤		具体工作内容描述	
1	准备工作 （准备软件、图纸、工具、量具，谁去做？）			

序号	计划步骤	具体工作内容描述
2	组织分工 （成立组织，人员具体都完成什么？）	
3	制订造型设计过程方案 （先设计什么？再设计什么？最后完成什么？）	
4	手动气阀三维装配设计 （设计前准备什么？使用哪些命令？设计参数如何输入？如何完成设计？设计过程中发现哪些问题？如何解决？）	
5	整理资料 （谁负责？整理什么？）	
制订计划说明	（写出组内成员在完成任务方面的主要建议或可以借鉴的建议、需要解释的某一方面）	

决策单

学习情境三	三维装配设计	任务一	手动气阀的三维装配设计
决策学时		0.5 学时	

决策目的：手动气阀三维装配设计方案对比分析，比较设计质量、设计时间、设计成本等

设计方案对比	方案组员	设计的可行性 （设计质量）	设计的合理性 （设计时间）	设计的经济性 （设计成本）	综合评价
	1				
	2				
	3				
	4				
	5				
	6				
决策评价	结果：（根据组内成员设计方案对比分析，对自己的设计方案进行修改并说明修改原因，最后确定一个最佳方案）				

检查单

学习情境三		三维装配设计	任务一	手动气阀的三维装配设计
评价学时			课内 0.5 学时	第　组
检查目的及方式		教师监控小组的工作情况，如果检查等级为不合格，则小组需要整改，并拿出整改说明		

序号	检查项目	检查标准	检查结果分级（在检查相应的分级框内划"√"）				
			优秀	良好	中等	合格	不合格
1	准备工作	资源是否已查到，材料是否准备完整					
2	分工情况	安排是否合理、全面，分工是否明确					
3	工作态度	小组工作是否积极主动、全员参与					
4	纪律出勤	是否按时完成负责的工作内容、遵守工作纪律					
5	团队合作	是否相互协作、互相帮助，成员是否听从指挥					
6	创新意识	任务完成不照搬照抄，看问题具有独到见解、创新思维					
7	完成效率	工作单是否记录完整，是否按照计划完成任务					
8	完成质量	工作单填写是否准确，设计过程、尺寸公差是否达标					
检查评语					教师签字：	

小组工作评价单

学习情境三	三维装配设计		任务一	手动气阀的三维装配设计	
评价学时			课内 0.5 学时		
班级：			第 组		
考核情境	考核内容及要求	分值（100）	小组自评（10%）	小组互评（20%）	教师评价（70%）	实得分（∑）

考核情境	考核内容及要求	分值（100）	小组自评（10%）	小组互评（20%）	教师评价（70%）	实得分（∑）
汇报展示（20）	演讲资源利用	5				
	演讲表达和非语言技巧应用	5				
	团队成员补充、配合程度	5				
	时间与完整性	5				
质量评价（40）	工作完整性	10				
	工作质量	5				
	报告完整性	25				
团队情感（25）	社会主义核心价值观	5				
	创新性	5				
	参与率	5				
	合作性	5				
	劳动态度	5				
安全文明（10）	工作过程中的安全保障情况	5				
	工具正确使用和保养、放置规范	5				
工作效率（5）	能够在要求的时间内完成，每超时 5 分钟扣 1 分	5				

小组成员素质评价单

学习情境三		三维装配设计		任务一		手动气阀的三维装配设计			
班级		第　组			成员姓名				
评分说明		每个小组成员评价分为自评和小组其他成员评价两部分，取平均值计算，作为该小组成员的任务评价个人分数。评价项目共设计 5 个，依据评分标准给予合理量化打分。小组成员自评分后，要找小组其他成员以不记名方式打分							
评分项目	评分标准	自评分	成员 1 评分	成员 2 评分	成员 3 评分	成员 4 评分	成员 5 评分
核心价值（20分）	是否有违背社会主义核心价值观的思想及行动						
工作态度（20分）	是否按时完成负责的工作内容、遵守纪律，是否积极主动参与小组工作，是否全过程参与，是否吃苦耐劳，是否具有工匠精神						
交流沟通（20分）	是否能良好地表达自己的观点，是否能倾听他人的观点						
团队合作（20分）	是否与小组成员合作完成任务，做到相互协作、互相帮助、听从指挥						
创新意识（20分）	看问题是否能独立思考，提出独到见解，是否能够用创新思维解决遇到的问题						
小组成员最终得分							

学习情境三		三维装配设计	任务一	手动气阀的三维装配设计
班级		第　组	成员姓名	
情感反思	通过对本任务的学习和实训，你认为自己在社会主义核心价值观、职业素养、学习和工作态度等方面有哪些需要提高的部分？			
知识反思	通过对本任务的学习，你掌握了哪些知识点？请画出思维导图。			
技能反思	在完成本任务的学习和实训过程中，你主要掌握了哪些技能？			
方法反思	在完成本任务的学习和实训过程中，你主要掌握了哪些分析和解决问题的方法？			

拓展训练

完成精密平口钳的三维装配设计（图 3-1-19 ~ 图 3-1-25）。

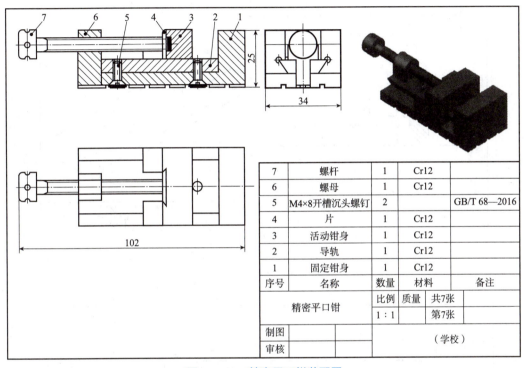

7	螺杆	1	Cr12	
6	螺母	1	Cr12	
5	M4×8开槽沉头螺钉	2		GB/T 68—2016
4	片	1	Cr12	
3	活动钳身	1	Cr12	
2	导轨	1	Cr12	
1	固定钳身	1	Cr12	
序号	名称	数量	材料	备注

精密平口钳	比例	质量	共7张
	1∶1		第7张

制图		（学校）
审核		

图 3-1-19　精密平口钳装配图

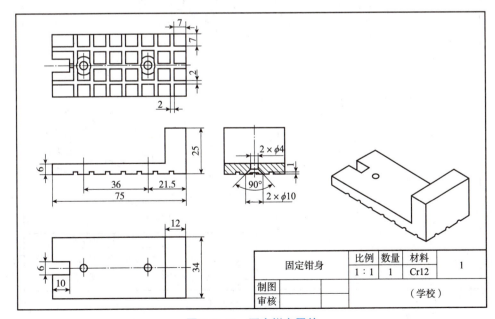

固定钳身	比例	数量	材料	1
	1∶1	1	Cr12	

制图		（学校）
审核		

图 3-1-20　固定钳身零件

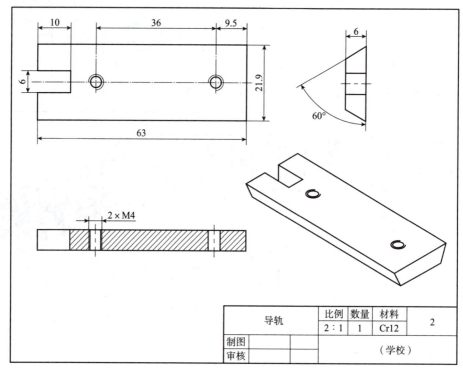

导轨	比例	数量	材料	2
	2:1	1	Cr12	
制图			(学校)	
审核				

图 3-1-21　导轨零件图

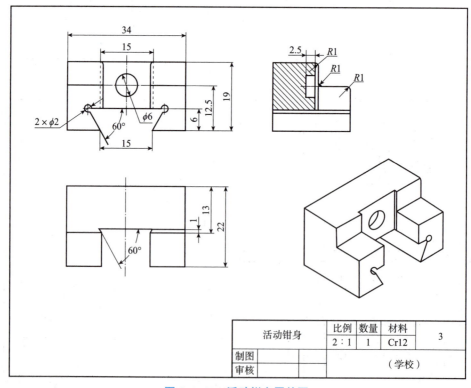

活动钳身	比例	数量	材料	3
	2:1	1	Cr12	
制图			(学校)	
审核				

图 3-1-22　活动钳身零件图

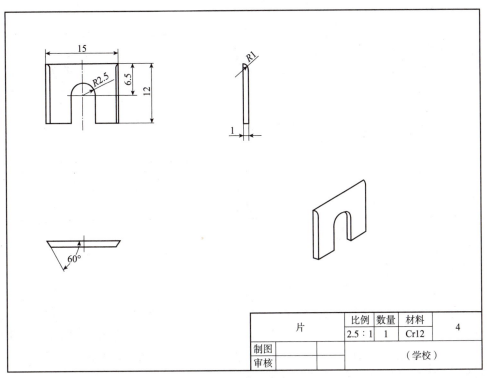

图 3-1-23　片零件图

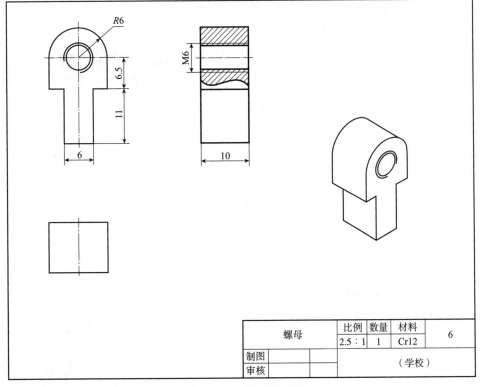

图 3-1-24　螺母零件图

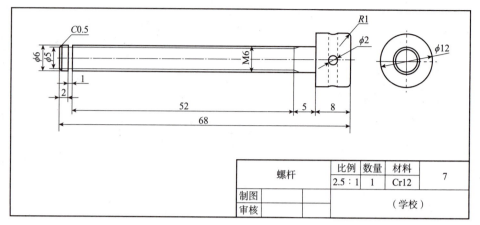

螺杆	比例	数量	材料	7
	2.5：1	1	Cr12	
制图			（学校）	
审核				

图 3-1-25　螺杆零件图

创建精密平口钳装配体的操作步骤如下。

1. 新建装配文件（在"精密平口钳"文件夹中）

在 UG NX 10.0 初始界面单击"新建"按钮，系统弹出"新建"对话框，如图 3-1-26 所示。选择"模型"选项卡，在"模板"选项组中，"单位"选择"毫米"；选择"名称"为"装配"的模块；在"新文件名"选项组"名称"文本框中输入"装配 .prt"；在"文件夹"中，选择放置装配文件的路径；单击"确定"按钮。

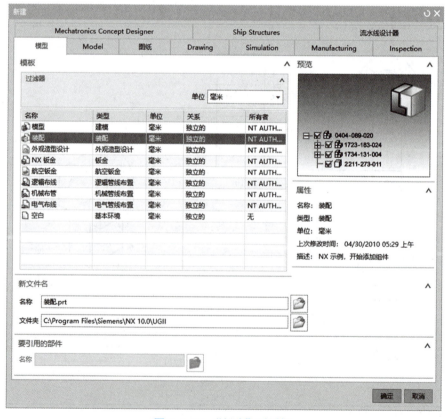

图 3-1-26　"新建"对话框

2. 添加固定钳身

在"添加组件"对话框，单击"打开"按钮；选择"固定钳身"文件，单击"确定"按钮；在"添加组件"对话框，"装配位置"选择"绝对坐标系－工作部件"；单击"应用"按钮，如图 3-1-27 所示。

3. 添加导轨

在"添加组件"对话框，单击"打开"按钮；选择"导轨"文件，单击"确定"按钮；"装配位置"按默认选项；"放置"选择"约束"；"约束类型"选择"接触对齐"；"方位"选择"接触"；选择"选择两个对象"；选择导轨底面，选择固定钳身上导轨放置面；"方位"选择"自动判断中心／轴"；选择"选择两个对象"；选择导轨螺孔中心线，选择固定钳身埋头孔中心线；单击"应用"按钮，如图 3-1-28 所示。

图 3-1-27　添加固定钳身

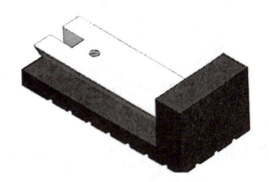

图 3-1-28　添加导轨

4. 添加开槽沉头螺钉

在"添加组件"对话框，单击"打开"按钮；选择"开槽沉头螺钉"文件，单击"确定"按钮；"装配位置"按默认选项；"放置"选择"约束"；"约束类型"选择"接触对齐"；"方位"选择"自动判断中心／轴"；选择"选择两个对象"；选择开槽沉头螺钉中心线；选择固定钳身埋头孔中心线；"方位"选择"接触"；选择"选择两个对象"；选择开槽沉头螺钉锥面，选择固定钳身埋头孔锥面；单击"应用"按钮，如图 3-1-29 所示。

5. 添加活动钳身

在"添加组件"对话框，单击"打开"按钮；选择"活动钳身"文件，单击"确定"按钮；"装配位置"按默认选项；在"旋转定向"中，双击"旋转"按钮；"放置"选择"约束"；"约束类型"选择"接触对齐"；"方位"选择"对齐"；选择"选择两个对象"；选择活动钳身侧面；选择固定钳身侧面；"方位"选择"距离"；选择"选择两个对象"；选择活动钳身夹紧面，选择固定钳身夹紧面；在"距离"文本框中输入"-12"，单击"应用"按钮，如图 3-1-30 所示。

6. 添加螺母

在"添加组件"对话框，单击"打开"按钮；选择"螺母"文件，单击"确定"按钮；"装配位置"按默认选项；"放置"选择"约束"；"约束类型"选择"接触对齐"；"方位"选择"接触"，选择"选择两个对象"；选择螺母侧面；选择导轨内侧面；选择螺母前面；

选择导轨上贴合面；选择螺母压紧面；选择导轨上表面；单击"应用"按钮，如图 3-1-31 所示。

图 3-1-29　添加开槽沉头螺钉

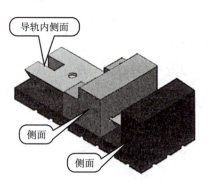

图 3-1-30　添加活动钳身

7. 添加螺杆

在"添加组件"对话框，单击"打开"按钮；选择"螺杆"文件，单击"确定"按钮；"装配位置"按默认选项；在"旋转定向"中双击"旋转"按钮；"放置"选择"约束"；"约束类型"选择"同心"；选择"选择两个对象"；选择螺杆矩形旋槽 $\phi6$ 的边；选择活动钳身 $\phi6$ 孔口的边；单击"应用"按钮，如图 3-1-32 所示。

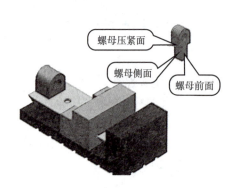

图 3-1-31　添加螺母

图 3-1-32　添加螺杆

8. 添加片

在"添加组件"对话框，单击"打开"按钮；选择"片"文件，单击"确定"按钮；"装配位置"按默认选项；在"旋转定向"中双击"旋转"按钮；"放置"选择"约束"；"约束类型"选择"同心"；选择"选择两个对象"；选择片的贴合面处 $\phi5$ 孔的边；选择活动钳身 $\phi6$ 孔口的边；单击"确定"按钮，如图 3-1-33 所示。

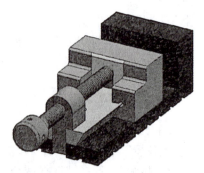

图 3-1-33　添加片

完成零件的三维装配设计（图 3-1-34 ～图 3-1-41）。

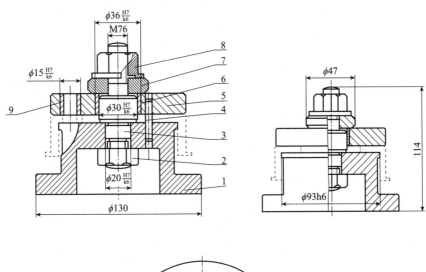

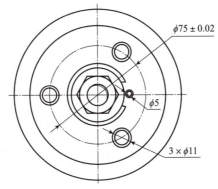

9	GC2-9	钻套	3	78	
8	GC2-8	特制螺母	1	35	
7	GC2-7	开口垫圈	1	45	
6	GC2-6	衬套	1	45	
5	GC2-5	钻模板	1	45	
4	GC2-4	销5×30	1		
3	GC2-3	轴	1	45	
2	GC2-2	螺母	1		
1	GC2-1	底座	1	HT150	
序号	代号	零件名称	数量	材料	备注

图 3-1-34　装配模板装配图

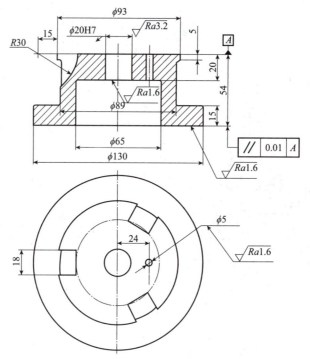

图 3-1-35　底座零件图

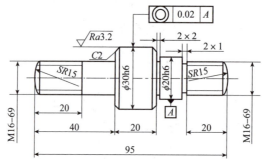

图 3-1-36　轴零件图

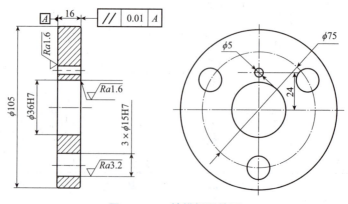

图 3-1-37　钻模板零件图

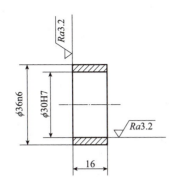

图 3-1-38　衬套零件图

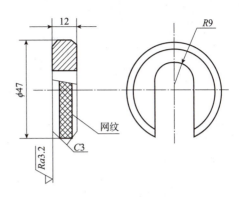

图 3-1-39　开口垫圈零件图

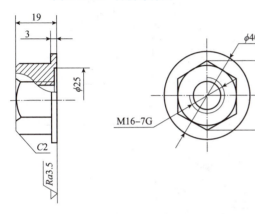

图 3-1-40　螺母零件图

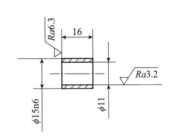

图 3-1-41　钻套零件图

任务二　虎钳的三维装配设计

虎钳的三维装配设计

学习情境三	三维装配设计	任务二	虎钳的三维装配设计
任务学时		4 学时（课外 4 学时）	
布置任务			
任务目标	1.掌握装配组件中的添加组件对话框。 2.掌握装配约束的一般步骤。 3.掌握装配约束的类型。 4.掌握装配组件中的组件阵列。 5.掌握装配中引用集的使用。 6.掌握装配导航器的使用。 7.能够熟练创建装配序列、装配和拆卸动画。 8.能够熟练完成爆炸图的创建和编辑。		

学习情境三	三维装配设计	任务二	虎钳的三维装配设计
任务学时		4 学时（课外 4 学时）	

布置任务

任务描述	如图 3-2-1 所示，虎钳是组合夹具在机床上用来夹紧工件的部件，它由 7 种零件组成，分别是 1 卡爪、2 螺杆、3 垫铁、4 基体、5 前盖板、6 内六角螺钉、7 后盖板。 每组分别使用 UG 软件完成虎钳的装配设计，各小组应了解如下具体内容： 1. 了解虎钳的基本结构和工作原理。 2. 掌握虎钳装配过程基本方法。 3. 掌握装配各对话框的使用 图 3-2-1　虎钳结构图和装配图 1—卡爪；2—螺杆；3—垫铁；4—基体；5—前盖板；6—内六角螺钉；7—后盖板

学时安排	资讯 1 学时	计划 0.5 学时	决策 0.5 学时	实施 1 学时	检查 0.5 学时	评价 0.5 学时

提供资源	1. 虎钳各零件图纸、三维实体造型。 2. 电子教案、课程标准、多媒体课件、教学延时视频及其他共享数字资源虎钳零件模型。 3. 游标卡尺等工具和量具

对学生学习及成果的要求	1. 学生具备虎钳装配图的识读能力。 2. 严格遵守实训基地各项管理规章制度。 3. 对比虎钳零件三维模型与零件图，分析结构是否正确，尺寸是否准确。 4. 每位同学均能按照学习导图自主学习，并完成课前自学的问题训练和自学自测。 5. 严格遵守课堂纪律，学习态度认真、端正，能够正确评价自己和同学在本任务中的素质表现。 6. 每位同学必须积极参与小组工作，承担零件设计过程、零件校验等工作，做到能够积极主动、不推诿，能够与小组成员合作完成工作任务。 7. 每位同学均须独立或在小组同学的帮助下完成任务工作单、加工工艺文件等内容。 8. 根据提供的虎钳各零件图纸、虎钳零件设计视频等教学资源，请对照检查，并确认签字，对有错误的地方及时修改。 9. 每组必须完成任务工单，并提请教师进行小组评价，小组成员分享小组评价分数或等级。 10. 每位同学均完成任务反思，以小组为单位提交

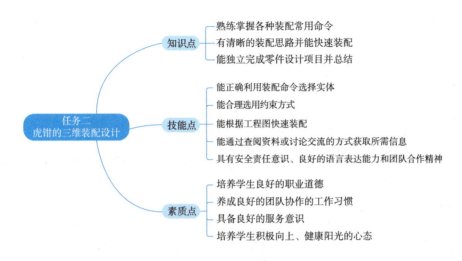

任务二
虎钳的三维装配设计

知识点
- 熟练掌握各种装配常用命令
- 有清晰的装配思路并能快速装配
- 能独立完成零件设计项目并总结

技能点
- 能正确利用装配命令选择实体
- 能合理选用约束方式
- 能根据工程图快速装配
- 能通过查阅资料或讨论交流的方式获取所需信息
- 具有安全责任意识、良好的语言表达能力和团队合作精神

素质点
- 培养学生良好的职业道德
- 养成良好的团队协作的工作习惯
- 具备良好的服务意识
- 培养学生积极向上、健康阳光的心态

课前自学

1. 装配导航器

装配导航器提供了一个装配结构的图形显示界面，也称为树形表。单击资源条中的"装配导航器"按钮，显示"装配导航器"，如图 3-2-2 所示。

（1）"装配导航器"按钮。

1）+ 表示折叠装配或子装配。

2）- 表示展开装配或子装配。

3） 表示装配或子装配。

①如果是黄色，表示该装配或子装配被完全加载。

②如果是黑色实线，表示该装配或子装配被部分加载。

③如果是灰色虚线，表示该装配或子装配没有被加载。

4）表示组件。

①如果是黄色，表示该组件被完全加载。

②如果是黑色实线，表示该组件被部分加载。

③如果是灰色虚线，表示该组件没有被加载。

5）□检查框中间空的，表示当前组件或子装配处于关闭状态。

6）☑检查框中显示灰色的勾，表示当前组件或子装配处于隐藏状态。

7）☑检查框中显示红色的勾，表示当前组件或子装配处于显示状态。

图 3-2-2　装配导航器

（2）装配导航器的快捷菜单。将鼠标光标定位在装配或子装配或组件处，单击鼠标右键，弹出快捷菜单。通过执行快捷菜单中的各命令，可以对选择的装配或子装配或组件进行操作，如果操作时快捷菜单中的某个命令为灰色，则表示当前选择的组件不能进行操作。

快捷菜单中部分选项的功能如下。

1）设为工作部件。该命令用于使当前选取的组件成为工作部件。将鼠标光标定位在某组件，单击鼠标右键，在快捷菜单中选择该命令，则选择的组件成为工作部件，可以对该组件的几何模型进行创建和编辑。此时其他组件变暗，高亮显示的组件就是当前的工作部件。

2）在窗口中打开。该命令用于使在绘图区中只显示当前选取的组件，可以对该组件的几何模型进行创建和编辑。将鼠标光标定位在某组件，单击鼠标右键，在弹出的快捷菜单中选择该命令，则选择的组件在绘图区中打开。

3）打开。该命令用于在装配结构中打开某个已关闭的组件。将鼠标光标定位在没有打开的某组件上，单击鼠标右键，在快捷菜单中选择该命令，系统会弹出相应的级联菜单命令，选取相应的命令，选择的组件就打开了。

4）关闭。该命令用于关闭组件，使组件数据不出现在装配中，以提高系统操作速度。将鼠标光标定位在已打开的某组件上，单击鼠标右键，在快捷菜单中选择该命令，系统会弹出相应的级联菜单命令，选取相应的命令，选择的组件就关闭了。

5）替换引用集。该命令用于替换当前所选组件的引用集，将鼠标光标定位在要替换引用集的组件上，单击鼠标右键，在快捷菜单中选择该命令，在替换引用集命令的级联菜单中选取一个引用集来替换现有的引用集。

6）隐藏。该命令用于隐藏或显示选取的组件。将鼠标光标定位在处于显示状态的组件上，单击鼠标右键，在弹出的快捷菜单中选择该命令，将隐藏所选取的组件，对应检查框中的红色勾变为灰色勾。如果将鼠标光标定位在处于隐藏状态的组件上，单击鼠标右键，在弹出的快捷菜单中选择"显示"命令，将显示所选取的组件，对应检查框中的灰色勾变为红色勾。

7）在窗口中打开父项。该命令用于显示父部件，将鼠标光标定位在具有上级装配的某组件上，单击鼠标右键，在弹出的快捷菜单中选择该命令，则系统会显示所有父部件的名称，选择相应的父部件名称的命令，系统会将显示部件变为该父部件。

2. 组件应用

（1）镜像装配。镜像装配是指针对沿基准面对称分布的组件，实现快速装配相同零部件的一种装配方式。执行"菜单"→"装配"→"组件"→"镜像装配"命令，或单击"装配"工具栏"组件"面板中的"镜像装配"按钮，系统弹出"镜像装配向导"对话框。

（2）阵列组件。阵列组件是指按照圆周或线性分布规律快速复制组件，从而快速装配相同部件的一种装配方式。执行"菜单"→"装配"→"组件"→"阵列组件"命令，或单击"装配"工具栏"组件"面板中的"阵列组件"按钮，系统弹出"阵列组件"对话框。"阵列组件"对话框阵列定义中包含下列 3 种布局：

1）参考：自定义的布局方式。

2）线性：以线性布局的方式进行阵列。

3）圆形：以圆形布局的方式进行阵列。

（3）移动组件。移动组件是指根据设计要求来移动装配中组件的一种装配方式，可以在装配中对所选组件在其自由度内移动。执行"菜单"→"装配"→"组件位置"→"移动组件"命令，或单击"装配"工具栏"组件位置"面板中的"移动组件"按钮，系统弹出"移动组件"对话框。

在"运动"下拉列表中包含多种组件移动类型。类型和相关设置的含义如下：

1）动态：动态地平移或旋转组件的基准参照坐标系，使组件随着基准坐标系位置的变动而移动。

2）距离：在指定矢量方向上，从某一定义点开始以设定的距离值移动组件。

3）角度：绕轴点和矢量方向以指定的角度移动组件。

4）点到点：选择一个点作为位置的起点，再选择一个点作为位置的目标点，使组件平移。

5）根据三点旋转：定义枢轴点、起始点和终止点等，在其中移动组件。

6）将轴与矢量对齐：需要指定起始矢量、终止矢量和枢轴点，绕枢轴点在两个定义的矢量间移动组件。

7）坐标系到坐标系：从一个坐标系到另一个坐标系移动组件。

8）根据约束：通过装配约束的方法来移动组件。

9）增量 XYZ：基于显示部件的绝对位置或 WCS 位置加入 XC、YC、ZC 相对距离来移动组件。

3. 检查干涉

检查干涉用于分析两个实体之间是否相交，即两个实体之间是否包含相互干涉的面、实体或边。

执行"菜单"→"分析"→"简单干涉"命令，系统弹出"简单干涉"对话框。

4. 装配爆炸图

装配爆炸图是指在装配的环境下，把已装配的组件拆分开，显示整个装配的组成状况。

（1）创建爆炸图。执行"菜单"→"装配"→"爆炸图"→"新建爆炸"命令，或单击"装配"工具栏"爆炸图"面板中的"新建爆炸"按钮，系统弹出"新建爆炸"对话框。

在"新建爆炸"对话框中为新的爆炸图命名，输入名称，或者接受默认名称，单击"确定"按钮，完成创建。

（2）编辑爆炸图。编辑爆炸图是指重新编辑、定位爆炸图中选定的组件。

（3）自动爆炸组件。自动爆炸组件是基于组件关联条件，沿表面的正交方向自动爆炸的组件。执行"菜单"→"装配"→"爆炸图"→"自动爆炸组件"命令，或单击"装配"工具栏"爆炸图"面板中的"自动爆炸组件"按钮，系统弹出"类选择"对话框。

自学自测

完成阀门的三维装配造型设计（图 3-2-3 ～图 3-2-9）。

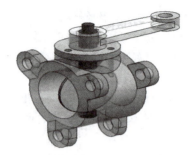

图 3-2-3　阀门装配模型

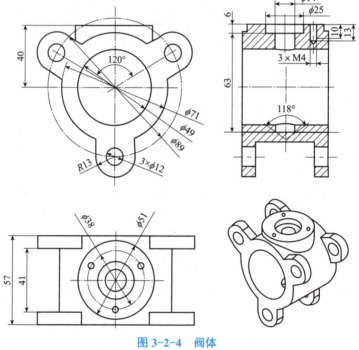

图 3-2-4　阀体

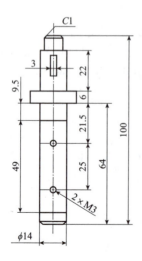
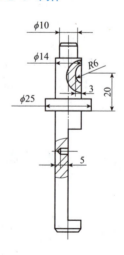

图 3-2-5　阀杆

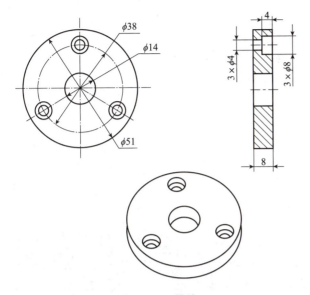

图 3-2-6　垫片

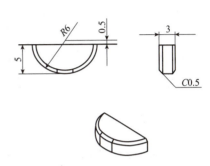

图 3-2-7　半圆键

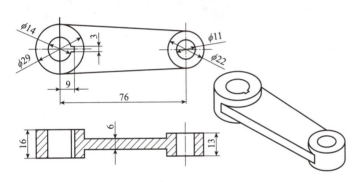

图 3-2-8　连杆

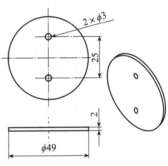

图 3-2-9　阀芯

虎钳的三维装配设计

虎钳的三维装配设计授课视频

一、虎钳的三维装配设计

（1）调入零件垫铁。

（2）以外圆柱面与集体圆柱槽为"中心"定位。

（3）前表面与槽前部平面为"配对"定位。

（4）上平面与基体上平面为"平行"定位，如图 3-2-10 所示。

二、垫铁的装配

（1）调入零件垫铁。

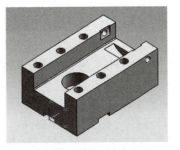

图 3-2-10　调入零件基体

（2）以外圆柱面与集体圆柱槽为"中心"定位。

（3）前表面与槽前部平面为"配对"定位。

（4）上平面与基体上平面为"平行"定位，如图 3-2-11 所示。

三、螺钉的装配

（1）调入零件螺钉。

（2）以螺纹圆柱面与集体上螺纹孔表面为"中心"定位。

（3）外锥面与垫铁上内锥面为"配对"定位。

（4）另一个螺钉用同样的方法装配。

组装完成的螺钉如图 3-2-12 所示。

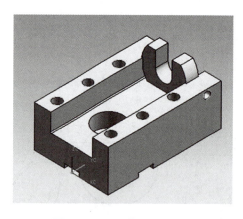

图 3-2-11　组装完成的垫铁

图 3-2-12　组装完成的螺钉

四、螺杆的装配

（1）调入零件螺杆。

（2）以 $\phi13$ 圆柱面与垫铁孔槽为"中心"定位。

（3）$\phi13$ 圆柱一侧端面与垫铁一侧端面为"配对"定位。

（4）螺杆上六方的一个平面与垫铁上端平面为"平行"定位。

组装完成的螺杆如图 3-2-13 所示。

五、卡爪的装配

（1）调入零件卡爪。

（2）以螺纹孔圆柱面与螺杆圆柱面为"中心"定位。

（3）卡爪的前端面与基体的前端面为"对齐"定位。

（4）卡爪的上端面与基体上平面为"平行"定位。

组装完成的卡爪如图 3-2-14 所示。

六、后盖板的装配

（1）调入零件后盖板。

（2）以前部螺纹孔与基体前部的螺纹孔为"中心"定位。

（3）底面与基体上部平面为"配对"定位。

（4）前端面与基体前端面为"对齐"定位。

（5）前盖板装配方法与之相同。

组装完成的后盖板如图 3-2-15 所示。

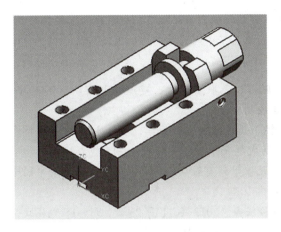

图 3-2-13　组装完成的螺杆

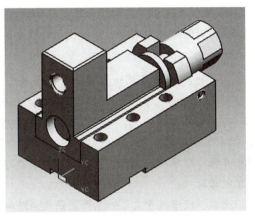

图 3-2-14　组装完成的卡爪

七、调入零件螺钉

（1）调入零件螺钉 M8×16。

（2）外螺纹面与基体上的螺纹孔面为"中心"定位。

（3）螺钉帽的底平面与盖板阶梯孔平面为"配对"定位。

（4）螺钉内六角的一个平面与基体前平面为"平面"定位。

组装完成的虎钳如图 3-2-16 所示。

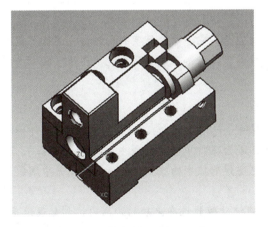

图 3-2-15　组装完成的后盖板

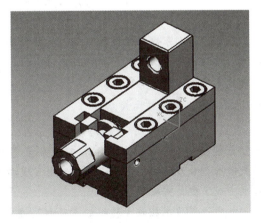

图 3-2-16　组装完成的虎钳

中国航母：从追赶到超越的大国重器

从 1928 年陈绍宽首次提出建造航母的设想，到如今中国海军拥有三艘航母，百年航母梦，见证了中国海军从无到有、从弱到强的艰辛历程，彰显了中国国防实力的飞跃。

辽宁舰：开启航母时代

辽宁舰的前身是苏联海军的"瓦良格"号航母，苏联解体后，建造工程中断，1999 年，中国购买了"瓦良格"号，开启了中国航母的发展篇章。

经过多年改造，2012 年 9 月 25 日，"辽宁舰"正式交付中国海军，舷号 16。它满载排水量 6.75 万吨，全长 304.5 米，宽 75 米，采用滑跃式起飞甲板，可搭载歼 –15 舰载战斗机和多型直升机。辽宁舰的服役，让中国海军实现了从无航母到有航母的历史性跨越，标志着中国进入了航母时代。

此后，辽宁舰开启了一系列高强度训练和试验任务。2012 年 11 月 23 日，歼 –15 舰载战斗机在辽宁舰上成功实现阻拦着舰和滑跃起飞，突破了航母核心战力技术。2016 年年末，辽宁舰首次前出第一岛链，赴西太平洋开展远海训练，展示了中国海军走向深蓝的决心。随着不断的训练和磨合，辽宁舰逐步形成战斗力，实现了从训练试验舰到具备实战能力作战舰艇的转型。

山东舰：实现自主建造

在辽宁舰的基础上，中国海军开始了自主建造航母的征程。2017 年 4 月 26 日，中国第一艘完全自主设计、自主建造、自主配套的国产航空母舰——山东舰在大连造船厂举行下水仪式，舷号 17。2019 年 12 月 17 日，山东舰正式入列中国海军。

山东舰在设计上进行了优化，满载排水量约 7 万吨，舰岛缩小，飞行甲板面积有所增加，搭载的歼 –15 舰载机数量也有所提升。山东舰的国产化率超过 90%，它的诞生，标志着中国具备了自主设计建造航母的能力，实现了从"改装"到"自主建造"的跨越，中国海军也由此进入了双航母时代。

入列后，山东舰迅速投入训练，不断提升作战能力。它多次开展实战化训练，进行了编队协同、对海打击、防空反导等科目训练，检验和提升了航母编队的作战效能，在维护国家海洋权益和安全方面发挥着重要作用。

福建舰：引领技术突破

2022 年 6 月 17 日，中国海军迎来了又一里程碑——中国完全自主设计建造的首艘弹射型航空母舰福建舰下水，舷号 18。福建舰采用平直通长飞行甲板，配置电磁弹射和阻拦装置，满载排水量 8 万余吨，是全球首艘采用常规动力电磁弹射技术的航空母舰，这意味着中国航母技术实现了重大突破。

电磁弹射技术相较于传统的滑跃起飞方式，能够让舰载机在更短的距离内达到起飞速度，大大提高了舰载机的出动效率和作战效能。福建舰还可以搭载固定翼舰载预警机，进一步提升航母编队的态势感知和作战指挥能力。

2024 年 5 月 1 日，福建舰进行了首次海上试航，完成了动力、电力等系统设备测试，海试工作正按计划稳步推进。未来，福建舰将搭载更多先进的舰载机，形成强大的海空作战力量，成为维护国家海洋权益的重要力量。

三航母时代：迈向深蓝海军

辽宁舰、山东舰和福建舰，这三艘航母构成了中国海军强大的海上作战力量，标志着中国海军进入了三航母时代。这不仅是航母数量的增加，更是海军作战能力的质的飞跃。

三艘航母可以在不同方向执行任务，形成战略威慑，维护国家的海洋权益和安全。在和平时期，航母编队可以参与国际人道主义救援、海上护航等行动，展示中国作为大国的责任和担当；在战时，航母编队能够实施远程打击、夺取制空权和制海权，为国家的安全提供坚实保障。

从百年前的航母梦，到如今的三航母时代，中国海军的发展历程充满了艰辛与辉煌。未来，随着科技的不断进步和海军建设的持续推进，中国航母将继续迈向深蓝，为实现中华民族伟大复兴的中国梦提供坚强的海上保障。

任务单

虎钳的三维装配设计工作单

计划单

学习情境三	三维装配设计		任务二	虎钳的三维装配设计
工作方式	组内讨论、团结协作，共同制订计划；小组成员进行工作讨论，确定工作步骤		计划学时	0.5 学时
完成人	1. 4.	2. 5.	3. 6.	

计划依据：虎钳各零件图

序号	计划步骤	具体工作内容描述
1	准备工作 （准备软件、图纸、工具、量具，谁去做？）	
2	组织分工 （成立组织，人员具体都完成什么？）	
3	制订造型设计过程方案 （先设计什么？再设计什么？最后完成什么？）	
4	虎钳三维装配设计 （设计前准备什么？使用哪些命令？设计参数如何输入？如何完成设计？设计过程中发现哪些问题？如何解决？）	

序号	计划步骤	具体工作内容描述
5	整理资料 （谁负责？整理什么？）	
制订计划说明	（写出组内成员在完成任务方面的主要建议或可以借鉴的建议、需要解释的某一方面）	

决策单

学习情境三	三维装配设计	任务二	虎钳的三维装配设计
决策学时		0.5 学时	

决策目的：虎钳三维装配设计方案对比分析，比较设计质量、设计时间、设计成本等

	方案组员	设计的可行性（设计质量）	设计的合理性（设计时间）	设计的经济性（设计成本）	综合评价
设计方案对比	1				
	2				
	3				
	4				
	5				
	6				
决策评价	结果：（根据组内成员设计方案对比分析，对自己的设计方案进行修改并说明修改原因，最后确定一个最佳方案）				

学习情境三	三维装配设计		任务二	虎钳的三维装配设计	
评价学时			课内 0.5 学时	第　组	
检查目的及方式	教师监控小组的工作情况，如果检查等级为不合格，则小组需要整改，并拿出整改说明				

序号	检查项目	检查标准	检查结果分级 （在检查相应的分级框内划"√"）				
			优秀	良好	中等	合格	不合格
1	准备工作	资源是否已查到，材料是否准备完整					
2	分工情况	安排是否合理、全面，分工是否明确					
3	工作态度	小组工作是否积极主动、全员参与					
4	纪律出勤	是否按时完成负责的工作内容、遵守工作纪律					
5	团队合作	是否相互协作、互相帮助，成员是听从指挥					
6	创新意识	任务完成不照搬照抄，看问题具有独到见解、创新思维					
7	完成效率	工作单是否记录完整，是否按照计划完成任务					
8	完成质量	工作单填写是否准确，设计过程、尺寸公差是否达标					
检查评语	教师签字：					

任务评价

小组工作评价单

学习情境三	三维装配设计	任务二	虎钳的三维装配设计		
评价学时		课内 0.5 学时			
班级：		第　　组			
考核情境	考核内容及要求	分值（100）	小组自评（10%）	小组互评（20%）	教师评价（70%）	实得分（∑）
汇报展示（20）	演讲资源利用	5				
	演讲表达和非语言技巧应用	5				
	团队成员补充配合程度	5				
	时间与完整性	5				
质量评价（40）	工作完整性	10				
	工作质量	5				
	报告完整性	25				
团队情感（25）	社会主义核心价值观	5				
	创新性	5				
	参与率	5				
	合作性	5				
	劳动态度	5				
安全文明（10）	工作过程中的安全保障情况	5				
	工具正确使用和保养、放置规范	5				
工作效率（5）	能够在要求的时间内完成，每超时 5 min 扣 1 分	5				

194

小组成员素质评价单

学习情境三	三维装配设计	任务二	虎钳的三维装配设计
班级	第　组	成员姓名	

评分说明	每个小组成员评价分为自评和小组其他成员评价两部分，取平均值计算，作为该小组成员的任务评价个人分数。评价项目共设计 5 个，依据评分标准给予合理量化打分。小组成员自评分后，要找小组其他成员以不记名方式打分

评分项目	评分标准	自评分	成员 1 评分	成员 2 评分	成员 3 评分	成员 4 评分	成员 5 评分
核心价值（20 分）	是否有违背社会主义核心价值观的思想及行动						
工作态度（20 分）	是否按时完成负责的工作内容、遵守纪律，是否积极主动参与小组工作，是否全过程参与，是否吃苦耐劳，是否具有工匠精神						
交流沟通（20 分）	是否能良好地表达自己的观点，是否能倾听他人的观点						
团队合作（20 分）	是否与小组成员合作完成任务，做到相互协作、互相帮助、听从指挥						
创新意识（20 分）	看问题是否能独立思考，提出独到见解，是否能够用创新思维解决遇到的问题						
小组成员最终得分							

学习情境三	三维装配设计	任务二	虎钳的三维装配设计
班级	第　　组	成员姓名	
情感反思	通过对本任务的学习和实训，你认为自己在社会主义核心价值观、职业素养、学习和工作态度等方面有哪些需要提高的部分？		
知识反思	通过对本任务的学习，你掌握了哪些知识点？请画出思维导图。		
技能反思	在完成本任务的学习和实训过程中，你主要掌握了哪些技能？		
方法反思	在完成本任务的学习和实训过程中，你主要掌握了哪些分析和解决问题的方法？		

完成螺旋千斤顶的三维装配设计。

螺旋千斤顶是用来支撑重物的工具，并可以根据需要调节其支撑高度，共由 7 个零件组成。

螺母 2 外径与底座 1 内孔径配合，并用定位螺钉 3 固定在底座上使其不能转动。带有 T 形螺纹的螺杆 4 与螺母 2 为螺纹配合，实现螺纹传动。顶头 5 内孔与螺杆上端外径呈滑动配合，并通过螺钉 6 固定在轴向位置上，使其承受重物。扭杆 7 横插入螺杆的径向孔中，用于转动螺杆，使螺杆通过螺纹传动上下移动，以实现竖直方向调节的功能。其总体结构如图 3-2-17 所示。

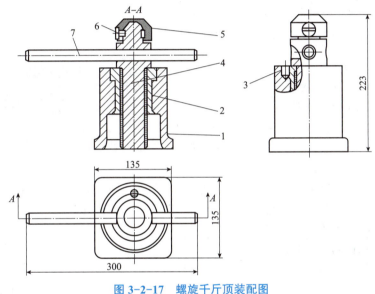

图 3-2-17　螺旋千斤顶装配图

1—底座；2—螺母；3—定位螺钉；4—螺杆；5—顶头；6—螺钉；7—扭杆

一、调入底座

（1）调入零件底座；

（2）以底座下端圆的中心为"中心"定位。

底座如图 3-2-18 所示。

二、螺母的装配

（1）调入零件螺母。

（2）单击"装配"工具栏中的"装配约束"按钮，在弹出的对话框中选择"类型"为"接触对齐"。

（3）在"方位"选项中选择"接触"，再用鼠标依次选择螺母台阶面和底座顶面作为配对表面。

（4）使台阶面和底座顶面等高，两平面法向相反。

（5）选择螺母外圆表面和底座内孔表面作为配对表面。

装配螺母如图 3-2-19 所示。

图 3-2-18 底座

图 3-2-19 装配螺母

三、螺钉的装配

（1）调入定位螺钉。

（2）在"装配约束"对话框中选择"平行"，再依次选择螺钉表面和螺纹孔表面作为配对表面。

（3）再次打开"装配约束"对话框，选择"类型"为"接触对齐"，在"方位"选项中选择"接触"，依次选择螺钉中心和螺纹孔中心作为配对表面。

（4）再次启动"装配约束"对话框，选择"类型"为"接触对齐"，在"方位"选项中选择"接触"，将底座零件隐藏，依次选择螺钉端面和螺母外圆面作为配对表面。

装配螺钉如图 3-2-20 所示。

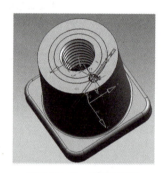

图 3-2-20 装配螺钉

四、螺杆的装配

（1）调入零件螺杆。

（2）打开"装配约束"对话框，选择"类型"为"接触对齐"，在"方位"选项中选择"接触"，依次选择螺杆台阶面和螺母顶面作为配对表面。

（3）选择"装配约束"对话框，选择"类型"为"接触对齐"，在"方位"选项中选择"接触"，依次选择螺杆外圆面和螺母内螺纹表面作为配对表面。

装配螺杆如图 3-2-21 所示。

图 3-2-21 装配螺杆

五、顶头的装配

（1）调入顶头。

（2）打开"装配约束"对话框，选择"类型"为"接触对齐"，在"方位"选项中选择"接触"，依次选择顶垫内球面和螺杆顶部的球面作为配对表面。

（3）调入螺钉。

（4）打开"装配约束"对话框，选择"类型"为"中心"，再依次选择螺钉中心和顶头螺纹孔中心作为配对表面。

（5）启动"装配约束"对话框，选择"类型"为"接触对齐"，在"方位"选项中选择"接触"，选择螺钉外圆表面和螺纹孔表面作为配对表面。

装配顶头如图 3-2-22 所示。

六、扭杆的装配

（1）调入零件扭杆。

（2）选择螺杆内孔和扭杆外圆表面进行接触。

装配扭杆如图 3-2-23 所示。

图 3-2-22　装配顶头

图 3-2-23　装配扭杆

课后作业

完成装配模板的装配设计（图 3-2-24 ～图 3-2-35）。

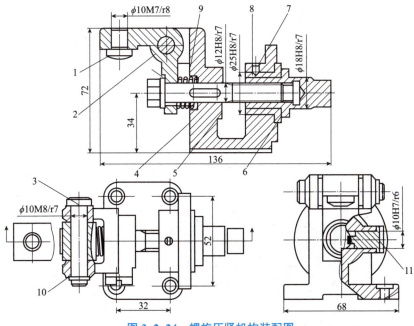

图 3-2-24　螺旋压紧机构装配图

序号	代号	零件名称	数量	材料	备注
11	CC3-11	导向销	1	45	
10	CC3-10	胶圈	1	橡胶	
9	CC3-9	弹簧	1	65Mn	
8	CC3-8	套筒螺母	1	45	
7	CC3-7	螺钉	1	45	
6	CC3-6	衬套	1	黄铜	
5	CC3-5	丝杠	1	45	
4	CC3-4	基体	1	HT150	
3	CC3-3	轴销	1	45	
2	CC3-2	杠杆	1	45	
1	CC3-1	柱销	1	45	
序号	代号	零件名称	数量	材料	备注

图 3-2-24　螺旋压紧机构装配图（续）

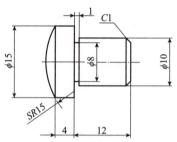

图 3-2-25　柱销零件图

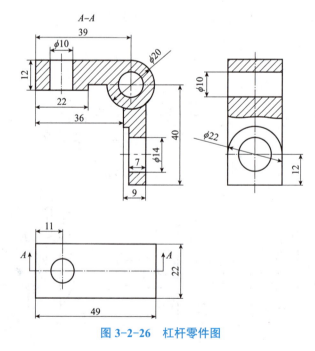

图 3-2-26　杠杆零件图

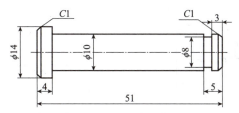

图 3-2-27 销轴零件图

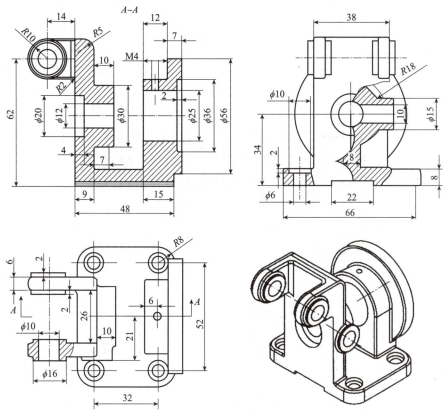

未注圆角R1~R2

图 3-2-28 钻模板零件图

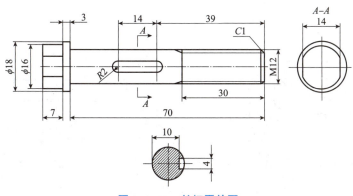

图 3-2-29 丝杠零件图

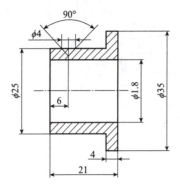

图 3-2-30　衬套零件图

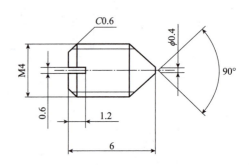

图 3-2-31　螺钉零件图

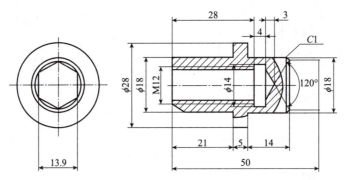

图 3-2-32　套筒螺母零件图

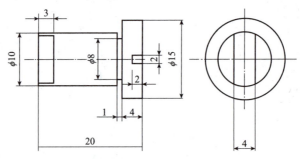

图 3-2-33　导向销零件图

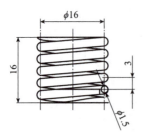

图 3-2-34　弹簧零件图

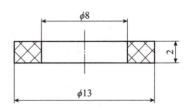

图 3-2-35　胶圈零件图

学习情境 四

工程图设计

学习指南

情境导入

　　某机械零件设计生产公司的设计研发部接到手动气阀和虎钳的生产设计任务，目前设计人员已经完成产品研发设计，并且通过仿真验证，现欲将两个产品投入生产，需要完成两个产品的工程图设计，要求设计图纸表达清晰、正确，符合制图国家标准。

学习目标

知识目标

1. 了解工程图设计的流程和方法。

2. 懂得工程图环境设置、视图的创建和工程图的标注。

3. 熟练掌握软件中各种表达方式的实现及相关命令的使用。

能力目标

1. 能够正确分析零部件的结构，采用合理的表达方式生成工程图纸。

2. 能够熟练运用软件，完成零部件工程图环境设置、视图的创建和工程图的标注。

3. 能够熟练使用CAD/CAM软件，运用正确的绘图方法和技巧，完成二维工程图生成。

素质目标

1. 初步树立专业热爱和认同、民族产业自信和自豪及爱国、报国的家国情怀。

2. 初步树立一丝不苟、精益求精的工匠精神和敢于创新、勇于担当的职业素养。

任务一　手动气阀工程图设计

手动气阀工
程图设计

任务工单

学习情境四	工程图设计		任务一	手动气阀工程图设计
任务学时		4 学时（课外 4 学时）		

<table>
<tr><td colspan="2" align="center">布置任务</td></tr>
</table>

任务目标	1.根据手动气阀装配体模型，完成工程图设计。 2.能够选择合理的表达方式进行装配图表达。 3.能够进行正确的尺寸标注
任务描述	立体模型（3D"图样"）改变着传统的机械设计观念，也促进工程技术人员追求更高效的技术，甚至有些现代化制造企业已经实现了设计、加工、生产无纸化。但是我国仍然有大量的工厂继续使用二维工程图（2D 图样）进行交流，主要原因是，3D"图样"无法标注完整的加工参数，如几何公差、加工精度、焊缝符号等；无法清楚表达零件的局部结构，如斜槽、凹坑等；第三方生产厂家需要二维工程图。因此，具有独立完成完整而准确的二维工程图的能力是非常必要的。本任务主要介绍 UG NX 10.0 中的工程图环境、各种视图的创建方法和视图编辑方法，最终实现三维设计的二维工程图视图呈现，本任务依据手动气阀三维装配模型完成二维工程出图

学时安排	资讯 1 学时	计划 0.5 学时	决策 0.5 学时	实施 1 学时	检查 0.5 学时	评价 0.5 学时

提供资源	1.手动气阀三维模型（图 4-1-1）。 2.电子教案、课程标准、多媒体课件、教学演示视频及其他共享数字资源。 3.手动气阀工程图纸。 4.游标卡尺等工具和量具

图 4-1-1　手动
气阀三维模型

学习情境四	工程图设计	任务一	手动气阀工程图设计
任务学时		4学时（课外4学时）	
布置任务			
对学生学习及成果的要求	1. 学生具备手动气阀装配图的出图能力。 2. 严格遵守实训基地各项管理规章制度。 3. 工程图纸表达清晰、正确，尺寸标注完整。 4. 每位同学均能按照学习导图自主学习，并完成课前自学的问题训练和自学自测。 5. 严格遵守课堂纪律，学习态度认真、端正，能够正确评价自己和同学在本任务中的素质表现。 6. 每位同学必须积极参与小组工作，承担零件设计过程、零件校验等工作，做到能够积极主动不推诿，能够与小组成员合作完成工作任务。 7. 每位同学均须独立或在小组同学的帮助下完成任务工作单、工艺文件、三维模型文件。 8. 提交手动气阀装配图纸、工程图设计视频等，并提请检查、签认，对提出的建议或有错误务必及时修改。 9. 每组必须完成任务工单，并提请教师进行小组评价，小组成员分享小组评价分数或等级。 10. 每位同学均完成任务反思，以小组为单位提交		

学习导图

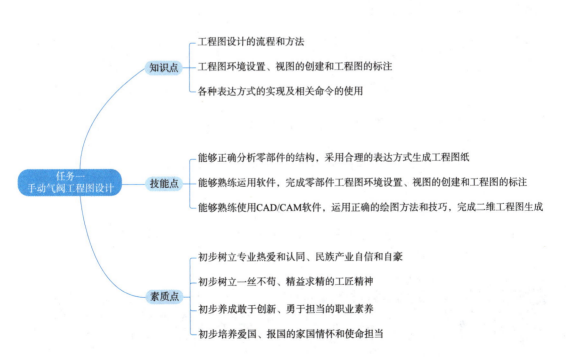

一、设置工程图环境

1. 设置界面主题

一般情况下，启动软件后系统默认显示的是如图 4-1-2 所示的"浅色（推荐）"界面主题，由于在该界面主题下软件中的部分字体显示较小，显示得不够清晰，也可以按照以下方法进行界面主题设置：

（1）单击软件界面左上角的"文件"菜单。

（2）执行"首选项"→"用户界面"命令，弹出如图 4-1-3 所示的"用户界面首选项"对话框。

图 4-1-2 "浅色（推荐）"界面主题　　　　图 4-1-3 "用户界面首选项"对话框

（3）在"用户界面首选项"对话框中单击"主题"选项组，在右侧"类型"下拉列表中选择"经典，使用系统字体"选项。

（4）在"用户界面首选项"对话框中单击"确定"按钮，完成界面设置。

2. 进入工程图环境

打开一个模型文件后，有两种方法进入工程图环境，现分别介绍如下。

方法一：单击"应用模块"工具栏"设计"面板中的"制图"按钮，如图 4-1-4 所示。

方法二：利用组合键［Ctrl+Shift+D］。

图 4-1-4 进入工程图环境

二、工程图环境的下拉菜单与选项卡

进入工程图环境以后，下拉菜单将会发生一些变化，系统为用户提供了一个方便、快捷的操作界面。下面对工程图环境中较为常用的下拉菜单和选项卡进行介绍。

1. 下拉菜单

（1）"首选项"下拉菜单。该菜单主要用于在创建工程图之前对制图环境进行设置，如图 4-1-5 所示。

（2）"插入"下拉菜单，如图 4-1-6 所示。

（3）"编辑"下拉菜单，如图 4-1-7 所示。

图 4-1-5 "首选项"下拉菜单　　图 4-1-6 "插入"下拉菜单　　图 4-1-7 "编辑"下拉菜单

2. 选项卡

进入工程图环境以后，系统会自动增加许多与工程图操作有关的选项卡。下面对工程图环境中较为常用的选项卡分别进行介绍。

（1）执行"菜单"→"工具"→"定制"命令，在弹出"定制"对话框的"选项卡/条"选项卡中进行设置，可以显示或隐藏相关的选项卡。

（2）选项卡中没有显示的按钮，可以通过下面的方法将它们显示出来：单击右下角的"…"按钮，在其下方弹出菜单中将所需要的选项组选中即可。

"主页"选项卡如图 4-1-8 所示。

图 4-1-8 "主页"选项卡

三、工程图环境的部件导航器

在 UG NX 10.0 工程图环境中，如图 4-1-9 所示的部件导航器可用于编辑、查询和删除图样（包括在当前部件中的成员视图），图纸节点下包括图纸页、成员视图、剖面线和相关的表格。

下面分别介绍部件导航器的各个节点的快捷菜单。

（1）在部件导航器中的"图纸"节点上单击鼠标右键，系统弹出如图 4-1-10 所示的快捷菜单。

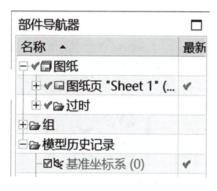

图 4-1-9　部件导航器

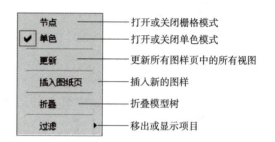

图 4-1-10　"图纸"快捷菜单

（2）在部件导航器中的"图纸页"节点上单击鼠标右键，系统弹出如图 4-1-11 所示的快捷菜单。

（3）在部件导航器中的"导入的"视图节点上单击鼠标右键，系统弹出如图 4-1-12 所示的快捷菜单。

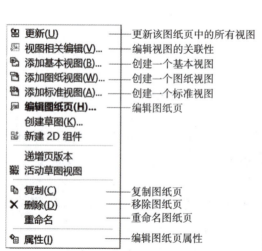

图 4-1-11　"图纸页"快捷菜单

图 4-1-12　"导入的"快捷菜单

四、工程图环境的参数预设置

在进入 UG NX 10.0 的工程图环境后，一般应首先对工程图的参数进行预设置。通过工程图参数的预设置可以控制箭头的大小、线条的粗细、隐藏线的显示与否、标注的字体和大小等。用户可以通过预设置工程图的参数来改变制图环境，从而使所创建的工程图符合我国的制图国家标准和企业标准。

1. 制图参数预设置

执行"菜单"→"首选项"→"制图"命令，系统弹出"制图首选项"对话框，单击"常规/设置"节点下的"工作流程"选项卡，如图 4-1-13 所示；常规/设置节点下的选项卡功能说明如下。

图 4-1-13 "制图首选项"对话框（一）

（1）"独立的"选项组：用于设置从独立文件进入工程图环境时的命令流程。

1）"始终启动插入图纸页命令"复选框：勾选该复选框，进入工程图环境后会始终执行"插入图纸页"命令。

2）"始终启动视图创建"复选框：勾选该复选框，进入工程图环境后会始终执行"视图创建"命令。

3）"始终启动投影视图命令"复选框：勾选该复选框，在创建了基本视图后会始终执行"投影视图"命令。

（2）"基于模型"选项组：用于设置从模型文件直接进入工程图环境时的命令流程。

1）"始终启动插入图纸页命令"复选框：勾选该复选框，进入工程图环境后会始终执行"插入图纸页"命令。

2）"视图创建向导"选项：选中该选项，创建视图时执行"创建向导"命令。

3）"基本视图命令"选项：选中该选项，创建视图时执行"基本视图"命令。

4）"无视图命令"选项：选中该选项，创建视图时不执行"基本视图"命令。

5）"始终启动投影视图命令"复选框：勾选该复选框，在创建了基本视图后会自动启动"投影视图"命令。

6）"创建制图组件"复选框：勾选该复选框，在创建主模型视图后将会在装配导航器中产生一个对应的制图组件。

（3）图纸区域：用于定义图纸设置参数来源。

1）"图纸模板"选项：选中该选项，表示图纸设置参数是使用图纸模板中的设置。

2）"图纸标准"选项：选中该选项，表示图纸设置参数是使用用户默认设置中存储的制图标准的设置。

3）"制图"选项：用于设置图纸栅格类型为制图栅格。

4）"草图"选项：用于设置图纸栅格类型为草图栅格。

5）"图纸页区域"选项：用于设置图纸栅格类型为图纸页区域栅格。

单击"视图"节点下的"工作流"选项卡，显示如图4-1-14所示，视图节点下的选项卡功能说明如下。

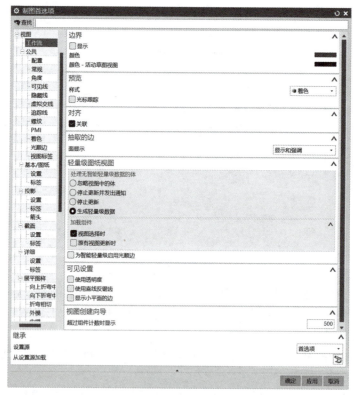

图4-1-14 "制图首选项"对话框（二）

（1）"边界"选项组：用于设置视图的边界参数。

1）"显示"复选框：勾选该复选框，视图将显示出边界线条。在视图创建时，建议勾选该复选框，以方便有关视图的操作。

2）"颜色"：单击其后的颜色块，系统弹出"颜色"对话框，用户可以选取某种颜色作为边界的显示颜色。

3）"颜色-活动草图视图"：单击其后的颜色块，系统弹出"颜色"对话框，用户可以选取某种颜色作为活动视图边界的显示颜色。

（2）"预览"选项组：用于预览视图添加的样式。

1）"样式"下拉列表：在该下拉列表中显示视图的四种方式，即"边界""线框""隐藏线框""着色"。

2）"光标跟踪"复选框：在图纸中放置视图时，显示屏会显示输入框，以跟踪视图在图纸坐标中的位置，并作为相对于父视图的偏置。

（3）"对齐"选项组：用于设置视图的对齐参数。

（4）"关联"复选框：勾选该复选框，将在投影视图和父视图或基本视图之间创建关联对齐，此时移动一个视图，另一个视图保持与其对齐的关系。

（5）"抽取的边"选项组：用于进行已抽取边的面和属性的设置。

1）"显示和强调"选项：选中该选项，允许用户在已抽取边缘的视图中选择面和体。

2）"仅曲线"选项：选中该选项，只允许用户选择抽取边缘的视图中的曲线。

（6）"轻量级图纸视图"选项组：用于设置视图的轻量级数据。

"处理无智能轻量级数据的体"：用于设置在视图创建或更新时轻量级数据体出现丢失、不完整或无效的处理方式。

1）"忽略视图中的体"单选按钮：更新视图时忽略视图中无效的体。

2）"停止更新并发出通知"单选按钮：停止视图的更新并通知用户。

3）"停止更新"单选按钮：停止视图的更新，但没有通知用户。

4）"生成轻量级数据"单选按钮：生成轻量级数据以更新视图。

（7）"可见设置"选项组：用于设置图纸中可视参数的设置。

1）"使用透明度"复选框：勾选该复选框，用于设置视图中着色对象的透明度。

2）"使用直线反锯齿"复选框：勾选该复选框，用于设置以更平滑的方式显示直线、曲线和轮廓等。

3）"显示小平面的边"复选框：选中该复选框，将显示为着色面所渲染的三角形小平面的边和轮廓。

（8）"视图创建向导"选项组：用于设置创建大装配视图的选项。

"超过组件计数时显示"文本框：用户可以设置大型装配的最小的组件数目。当装配体的组件数目超出后，系统将在视图创建向导中自动启动大型装配的选项，用户可以设置视图的配置、分辨率等参数，以便快速生成装配视图。

2. 注释参数预设置

执行"菜单"→"首选项"→"制图"命令，系统弹出如图 4-1-15 所示的"制图首选项"对话框，在该对话框中的"公共""尺寸""注释""表"节点下可调整文字属性、尺寸属性及表格属性等注释参数。

3. 截面线参数预设置

执行"菜单"→"首选项"→"制图"命令，系统弹出"制图首选项"对话框，在该对话框的视图节点下选择"截面线"选项，如图 4-1-16 所示，通过设置"截面线"中的参数，既可以控制以后添加到图样中的剖切线显示，也可以修改现有的剖切线。

4. 视图标签参数预设置

执行"菜单"→"首选项"→"制图"命令，系统弹出"制图首选项"对话框，在该对话框的视图节点下选择"公共"选项，如图 4-1-17 所示，通过对"公共"节点中参数的设置可以控制图样上的视图显示，包括"隐藏线""可见线""光顺边""截面线"和"局部放大图"等内容。这些参数设置只对以后添加的视图有效，而对于在设置之前添加的视图则需要通过编辑视图的样式来修改，因此，在创建工程图之前，最好首先进行预设置，这样可以减少很多编辑工作，提高工作效率。

图 4-1-15 "制图首选项"对话框（三）

图 4-1-16 "截面线"选项

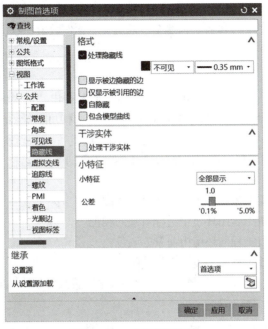

图 4-1-17 "公共"选项

5. 视图标签参数预设置

执行"菜单"→"首选项"→"制图"命令，系统弹出"制图首选项"对话框，在该对话框的"视图"节点下选择"基本 / 图纸"选项，然后单击"标签"选项卡，如图 4-1-18 所示。具体功能如下：

（1）控制视图标签的显示，并查看图样上成员视图的视图比例标签。

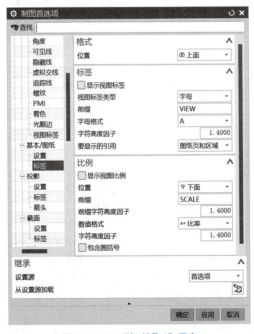

图 4-1-18 "标签"选项卡

（2）控制视图标签的前缀名、字母、字母格式和字母比例数值的显示。

（3）控制视图比例的文本位置、前缀名、前缀文本比例数值、数值格式和数值比例数值的显示。

6. 可视化参数预设置

执行"菜单"→"首选项"→"可视化"命令，系统弹出"可视化首选项"对话框，单击"颜色/字体"选项卡，此时对话框如图4-1-19所示。具体功能如下：

"图纸部件设置"选项组：用于图纸中的颜色显示设置。

（1）"单色显示"复选框：选中该复选框将激活其下的颜色设置，此时图纸的前景色将变为黑色。

1）"预选"用于设置工程图环境中预选对象的颜色。

2）"选择"用于设置工程图环境中选择对象的颜色。

3）"前景"用于设置工程图环境中前景的颜色。

4）"背景"用于设置工程图环境中背景的颜色。

（2）"显示线宽"复选框：用于设置工程图环境中是否按对象属性的线宽来显示。

7. 栅格参数预设置

执行"菜单"→"首选项"→"栅格"命令，系统弹出如图4-1-20所示的"栅格"对话框。

（1）"类型"下拉列表：用于设置栅格的类型，包括"矩形均匀""矩形非均匀""极坐标"三种类型。

（2）"栅格大小"选项组：用来定义栅格的间距、线数和点数等参数。此区域显示的选项和栅格的类型有关，不同栅格类型具有不同的大小设置参数。

（3）"栅格设置"选项组：用来定义栅格的颜色、显示和捕捉等参数命令。

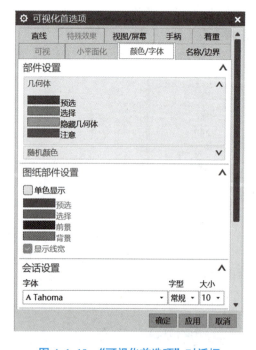

图4-1-19 "可视化首选项"对话框

图4-1-20 "栅格"对话框

五、UG 工程图的制图标准

UG NX 10.0 软件提供了适应不同国家制图要求的制图标准默认文件，所支持的有 ASME、DIN、ESKD、ISO、JIS 和 GB 等标准。通过制图标准配置文件，可以用最简便的方式设置或重置制图和视图的首选项，从而控制箭头的大小、线条的粗细、隐藏线的显示与否、标注的字体和大小、各种符号的样式等。用户可以使用系统提供的制图标准，也可以通过编辑某个标准文件并保存成企业的定制标准。通过加载制图标准命令，可以很容易地重新设置当前文件的制图首选项。

1. 加载制图标准的操作方法

（1）打开文件，进入制图环境，查看注释参数设置，执行"菜单"→"首选项"→"制图"命令，系统弹出如图 4-1-21 所示的"制图首选项"对话框，在对话框中选择"直线/箭头"，然后选择"箭头"选项卡，在对话框右侧的"格式"选项组中可以看到箭头长度尺寸值为"3.500 0"，角度值为"20.000 0"，在"制图首选项"对话框中单击"确定"按钮，关闭对话框。

（2）加载新的制图标准：执行"菜单"→"工具"→"制图标准"命令，系统弹出如图 4-1-22 所示的"加载制图标准"对话框。在"加载制图标准"对话框的"标准"下拉列表中选择"GB"选项，单击"确定"按钮，完成 GB 标准的加载。

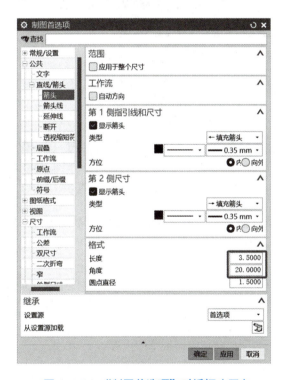

图 4-1-21 "制图首选项"对话框（四）

图 4-1-22 "加载制图标准"对话框

2. 定制制图标准

执行"菜单"→"文件"→"实用工具"→"用户默认设置"命令，系统弹出"用户默认设置"对话框，如图 4-1-23 所示。

在对话框中选择"制图"→"常规/设置"节点，在"标准"选项卡的"制图标准"

下拉列表中选择"GB"选项，单击"定制标准"按钮，依次在左侧节点下选择"图纸格式"→"图纸页"，然后在右侧区域中单击"尺寸和比例"标签，系统弹出如图 4-1-24 所示的"定制制图标准 –GB"对话框。

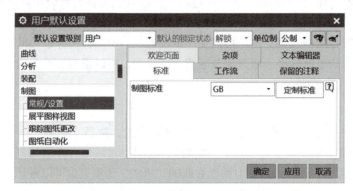

图 4-1-23 "用户默认设置"对话框

图 4-1-24 "定制制图标准 –GB"对话框

（1）定义默认的图纸参数。在"定制制图标准 –GB"对话框的"高度"文本框中输入值"297.0"，在"长度"文本框中输入值"420.0"，在"比例 – 分母"文本框中输入值"2.0"，其余参数保持不变。

（2）保存标准。在对话框中单击"另存为"按钮，系统弹出"另存为制图标准"对话框，输入名称"GB2012"，单击"确定"按钮，然后单击"取消"按钮，完成标准的定制。

（3）设置默认的制图标准。系统返回到"用户默认设置"对话框，此时"制图标准"下拉列表中为"GB2012"选项，单击"确定"按钮，完成默认制图标准的设置。

六、工程图文本标注

文本包括汉字和其他字符。文本编辑器的功能与 Windows 的文本编辑器 Word 功能类似。要生成一段文本标注，一般执行以下步骤：单击"注释"面板中的"编辑文本"按钮，或执行"菜单"→"编辑"→"注释"→"文本"命令，系统弹出"文本"对话框，如图 4-1-25 所示。单击"设置"按钮，系统弹出如图 4-1-26 所示的"文本编辑器"对话框，进行文字式样设置。在文本编辑框中输入文字，移动鼠标光标确定文本位置，完成标注。

图 4-1-25 "文本"对话框

图 4-1-26 "文本编辑器"对话框

自学自测

根据如图 4-1-27 所示的阶梯轴零件图完成该零件三维模型绘制，并生成图示二维工程图纸。

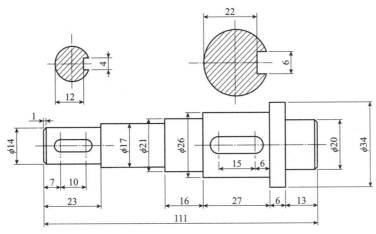

图 4-1-27 阶梯轴零件图

任务实施

一、进入工程图环境，创建图纸页

1. 打开手动气阀装配模型

启动 UG NX 10.0 软件，打开手动气阀装配模型进入工程图环境。

2. 进入工程图环境

执行"文件"→"启动"→"制图"命令，或在功能区单击"应用模块"按钮，在"设

手动气阀工程图设计（一）

手动气阀工程图设计（二）

计"命令组单击"制图"按钮，也可以直接按 Ctrl+Shift+D 组合键，进入"制图"模块。

3. 创建图纸页

单击"新建图纸页"按钮，系统弹出如图 4-1-28 所示的"图纸页"对话框，在"大小"选项组"标准尺寸"中选择"大小"为"A4-210×297"，"比例"选择"1：1"，在"设置"选项组"单位"中选择"毫米"，"投影"选择"第一角投影"，确定后即进入工程图环境。如果系统弹出"视图创建向导"对话框，单击"取消"按钮即可。

4. 加载制图标准

执行"菜单"→"工具"→"制图标准"命令，系统弹出如图 4-1-29 所示的"加载制图标准"对话框。在"要加载的标准"选项组"标准"中选择"GB"，确定后完成制图标准的加载。

图 4-1-28　"图纸页"对话框

图 4-1-29　"加载制图标准"对话框

5. 设置制图首选项

执行"菜单"→"首选项"→"制图"命令，系统弹出如图 4-1-30 所示的"制图首选项"对话框。

单击"公共"→"文字"，"文本参数"选择"仿宋"，"高度"输入"3.5"，"宽高比"输入"0.7"。

单击"公共"→"直线/箭头"→"箭头"，"第 1 侧指引线和尺寸"和"第 2 侧尺寸"的线宽均选择"0.25 mm"。

单击"公共"→"前缀/后缀"→"倒斜角尺寸"，"位置"选择"C5×5 之前"，"文本"输入大写字母"C"，

单击"视图"，"可见线"可采用默认设置，也可以根据需求进行颜色、宽度的设置，"隐藏线"设

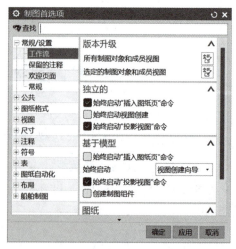

图 4-1-30　"制图首选项"对话框（五）

置为"不可见","着色"设置为"线框模式","轴测图"设置为"完全着色"模式,"光顺边"
设置为"不显示光顺边"。

二、创建视图

1. 创建基本视图

在"视图"面板中单击"基本视图"按钮,或执行"菜单"→"插入"→"视图"→"基
本"命令,系统弹出如图 4-1-31 所示的"基本视图"对话框,在"模型视图"选项组单击
"定向视图工具"按钮,系统弹出如图 4-1-32 所示的"定向视图工具"对话框,在"定向视
图"对话框内选择如图 4-1-32 所示的法向矢量和 X 向矢量,单击"确定"按钮完成视图定
向。或在"定向视图"内旋转模型,调整至合适的视图方向,按 F8 键,完成视图定向。将定
向好的模型放置到图纸的合适位置,单击鼠标左键,完成基本视图创建并进行相关设置,单击
"确定"按钮,在绘图区选择放置点并单击鼠标左键,结果如图 4-1-33 所示。

图 4-1-31 "基本视图"对话框

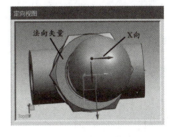

图 4-1-32 "定向视图工具"对话框

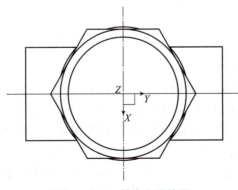

图 4-1-33 基本视图结果

2.创建全剖视图

执行"菜单"→"插入"→"视图"→"剖视图"命令，或在"视图"面板中单击"剖视图"按钮，也可以选择父视图后单击鼠标右键，在弹出的快捷菜单中选择"添加剖视图"命令，系统弹出如图 4-1-34 所示的"剖视图"对话框。

在"截面线"选项组"定义"中选择"动态"，"方法"选择"简单剖/阶梯剖"，在"铰链线"选项组"矢量选项"中选择"自动判断"，在"截面线段"选项组"指定位置"选择如图 4-1-35 所示的基本视图的圆心位置，按照投影方向向上拖动鼠标，得到如图 4-1-36 所示的全剖视图结果。

图 4-1-34 "剖视图"对话框

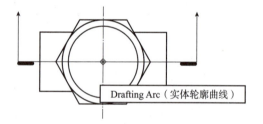

图 4-1-35 截面线段选择圆心位置

将基本视图拖曳到图纸边界以外，并选中"SECTION *A-A*"，单击鼠标右键隐藏即可得到全剖的主视图。

3.修改全剖视图

（1）修改手柄球的剖面线。将鼠标光标移动至手柄球处的剖面线，使其处于红色预选状态时双击鼠标左键，系统弹出如图 4-1-37 所示的"剖面线"对话框。在"设置"选项组"图样"中选择"铅"，可以根据需要更改剖面线颜色，"宽度"选择"0.13 mm"，单击"确定"按钮，即可得到如图 4-1-38 所示的网格剖面线。

（2）处理芯杆不剖。将鼠标光标移动至芯杆处的剖面线，使其处于红色预选状态时单击鼠标右键，在弹出的快捷菜单中选择"隐藏"命令，使该部分剖面线处于隐藏状态。

将鼠标光标移动到该视图的矩形边界线上，使视图处于预选状态，单击鼠标右键，系统弹出如图 4-1-39 所示的快捷菜单，选择"设置"命令，系统弹出如图 4-1-40 所示的"设置"对话框，单击"公共"→"隐藏线"，在"格式"选项组"处理隐藏线"中把隐藏线的线型选择为"虚线"，线宽选择"0.13 mm"后，单击"确定"按钮即可。

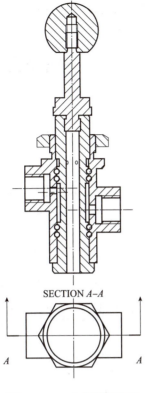

图 4-1-36 全剖视图结果

图 4-1-37 "剖面线"对话框

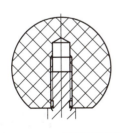

图 4-1-38 网格剖面线

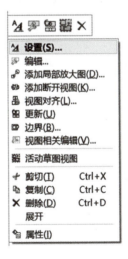

图 4-1-39 快捷菜单

依然将鼠标光标移动到该视图的矩形边界线上，使视图处于预选状态，单击鼠标右键，系统弹出如图 4-1-39 所示的快捷菜单，选择"活动草图视图"命令，在"草图"工具栏中选择"直线"命令，完成如图 4-1-41 所示的直线绘制，单击"完成草图"按钮。再次将鼠标光标移动到该视图的矩形边界线上，使视图处于预选状态，单击鼠标右键，系统弹出如图 4-1-39 所示的快捷菜单，选择"设置"选项，系统弹出如图 4-1-40 所示的"设置"对话框，单击"公共"→"隐藏线"，在"格式"选项组"处理隐藏线"中把隐藏线的线型选择为"不可见"后，单击"确定"按钮，即可得到如图4-1-42所示芯杆不剖的结果。

图 4-1-40 "设置"对话框

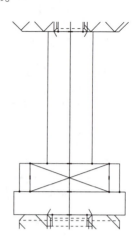

图 4-1-41 直线绘制

（3）处理密封圈部分结构。选中密封圈处的圆形轮廓，单击鼠标右键，在系统弹出的快捷菜单中选择"隐藏"选项，将密封圈处的圆轮廓全部隐藏。

单击"注释"工具栏中的"剖面线"按钮，系统弹出如图4-1-43所示的"剖面线"对话框，在"设置"选项组"图样"中选择"铅"，"距离"输入"1.000 0"，"宽度"选择"0.13 mm"，在"要搜索的区域"选项组"指定内部位置"中依次选择密封圈放置位置矩形内部的点，单击"确定"按钮，即可得到密封圈处网格剖面线结果，如图4-1-44所示。

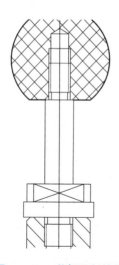

图 4-1-42 芯杆不剖结果

图 4-1-43 "剖面线"对话框

4. 创建断面图

（1）创建剖视图。执行"菜单"→"插入"→"视图"→"剖视图"命令，或在"视图"面板中单击"剖视图"按钮，也可以选择父视图后单击鼠标右键，在系统弹出的快捷菜单上选择"添加剖视图"选项，系统弹出"剖视图"对话框。在"截面线"选项组"定义"中选择"动态"，"方法"选择"简单剖/阶梯剖"，在"铰链线"选项组"矢量选项"中选择"自动判断"，在"截面线段"选项组"指定位置"中选择全剖视图的圆心位置，如图4-1-45所示，并按照投影方向向下拖动鼠标，得到如图4-1-46所示的结果。

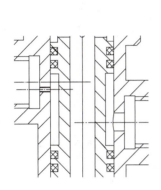

图 4-1-44　网格剖面线结果

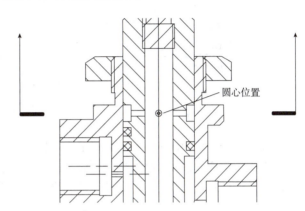

圆心位置

图 4-1-45　截面线段指定位置

（2）修改剖视图。双击注释"SECTION *B–B*"，系统弹出如图4-1-47所示的"设置"对话框，单击"文字"，在"对齐"选项组"文字对正"中选择"中心"，"文本参数"选择"仿宋"字体，"高度"输入"3.500 0"，切换到"截面"选项卡，在"标签"选项组"前缀"中删除默认的前缀"SECTION"，单击"确定"按钮即可。

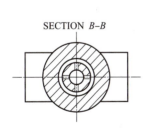

SECTION *B–B*

图 4-1-46　剖视图结果

图 4-1-47　"设置"对话框

将鼠标光标移动到该视图的矩形边界线上，使视图处于预选状态，单击鼠标右键，在系统弹出的快捷菜单中选择"设置"命令，系统弹出如图4-1-48所示的"设置"对话框，单击"截面"→"设置"，取消勾选"显示背景"后单击"确定"按钮即可得到如图4-1-49所示的结果。

选中多余的轮廓线和剖面线，单击鼠标右键，在系统弹出的快捷菜单中选择"隐藏"选项，或将鼠标光标移动至该视图的矩形边界线上，当出现预选色后，单击鼠标右键，在系统弹出的快捷菜单上选择"视图相关编辑"选项，选择"擦除对象"命令后将不需要的线删除，完成多余线条隐藏。双击中心线，中心线上弹出缩放箭头，拖动箭头到合适位置完成中心线长度缩放，得到如图4-1-50所示的结果。

图 4-1-48 "设置"对话框

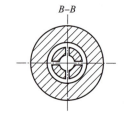

图 4-1-49 取消"显示背景"结果

将鼠标光标移动到该视图的矩形边界线上，使视图处于预选状态，单击鼠标右键，在系统弹出的快捷菜单中选择"活动草图视图"命令，进行草图绘制，选择"圆"选项，完成圆轮廓补齐，"完成草图"后得到如图4-1-51所示的结果，并将该视图移动至合适位置。

图 4-1-50 隐藏多余线条结果

图 4-1-51 补齐圆轮廓结果

5.创建局部视图

将鼠标光标移动到全剖视图的矩形边界上，当其出现预选色后单击"投影视图"按钮，投影方向为水平方向，选择合适位置安放投影视图。结果如图4-1-52所示。

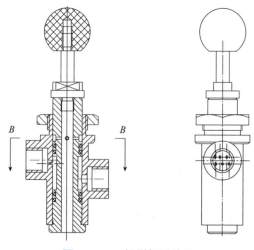

图 4-1-52 投影视图结果

将鼠标光标移动到投影视图的矩形边界上，当其出现预选色后单击鼠标右键，在系统弹出的快捷菜单上选择"边界"选项，系统弹出如图4-1-53所示的"视图边界"对话框，在三角形下拉列表中选择"手工生成矩形"选项后，该视图上单击鼠标左键，用矩形框框选要保留的部分视图后得到如图4-1-54所示的结果。

图4-1-53 "视图边界"对话框

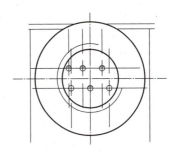

图4-1-54 边界结果

将鼠标光标移动到视图的矩形边界上，当出现预选色后单击鼠标右键，在系统弹出的快捷菜单上选择"视图相关编辑"选项，系统弹出如图4-1-55所示的"视图相关编辑"对话框，"添加编辑"选择"擦除对象"选项后将不需要的线条删除，结果如图4-1-56所示。

图4-1-55 "视图相关编辑"对话框

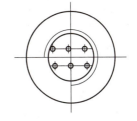

图4-1-56 局部视图结果

三、创建图纸边框和标题栏

1.创建图纸边框

（1）设置制图图幅。在部件导航器上选择需要修改的图纸页"工作表 sheet 1"，单击鼠标右键，在系统弹出的快捷菜单上选择"编辑图纸页"选项，在系统弹出的"图纸页"对话框中可以根据需要修改图纸图幅，本案例选择 A4 幅面。

（2）定义图纸边框。执行"菜单"→"工具"→"图纸格式"→"边界和区域"命令，系统弹出如图 4-1-57 所示的"边界和区域"对话框，在"边界"选项组中勾选"创建边界"复选框，"宽度"输入"5.000 0"，"创建修剪标记""创建区域""留边"根据个人需要勾选和设置，本案例取消勾选。边框结果如图 4-1-58 所示。

图 4-1-57　"边界和区域"对话框

图 4-1-58　边框结果

2. 绘制标题栏

学校推荐的标题栏格式如图 4-1-59 所示，标题栏可以在"活动草图"环境下按照国家标准要求进行绘制，也可以利用插入表格的方法实现，其中利用活动草图绘制的方法不再赘述，下面介绍如何利用表格方式绘制标题栏。

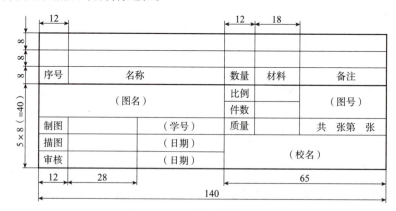

图 4-1-59　学校推荐标题栏

（1）插入表格。在"表"面板中单击"表格注释"按钮，或执行"菜单"→"插入"→"表格"→"表格注释"命令，系统弹出如图 4-1-60 所示的"表格注释"对话框，在"表大小"选项组中"列数"输入"6"，"行数"输入"5"，"列宽"输入"12.000 0"，"行高度"输入"8"，在"设置"选项组中单击"设置"按钮，系统弹出如图 4-1-61 所示的"设置"对话框，单击"文字"，在"文本参数"中选择字体颜色为"黑色"，字体选择"仿宋"，"高度"输入"3.500 0"。单击"公共"→"单元格"在"文本对齐"中选择"中心",取消勾选"自动调整行的大小"复选框和"自动调整文本大小","边界"选择颜色为"黑色",线宽为"0.5 mm",设置完毕在图纸空白区域确定表格所在位置,得到如图4-1-62所示的表格。

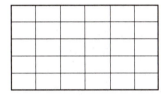

图 4-1-60 "表格注释"对话框　　图 4-1-61 "设置"对话框　　图 4-1-62 表格结果

（2）调整表格大小。选中第二列,使第二列处于预选状态,单击鼠标右键,系统弹出如图4-1-63所示的快捷菜单,选择"调整大小"选项,列宽输入"28",用同样的方法依次调整第三列列宽"35",第五列列宽"18",第6列列宽"35"。单击表格左上角点,选中整个表格,单击鼠标右键,在系统弹出的如图4-1-64所示的快捷菜单中,选择"单元格设置"选项,系统弹出如图4-1-65所示的"设置"对话框,单击"公共"→"单元格",在"边界"选项组"侧"选择"中间",线宽选择"0.13 mm",同样的方法,"侧"选择"中心",线宽选择"0.13 mm",将标题栏内部的线条设置为细实线。

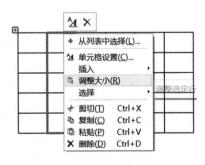

图 4-1-63 "调整大小"快捷菜单　　图 4-1-64 "单元格设置"快捷菜单

选中表格左上角六个单元格,单击鼠标右键,在系统弹出的快捷菜单中选择"合并单元格"选项,同样的方法完成右下角的六个单元格的合并和右上角两个单元格的合并。

双击每个单元格可完成内容输入,选择某一单元格,单击鼠标右键,在系统弹出的快捷菜单中选择"设置"命令,可完成"字高"的设置,即可完成如图4-1-66所示的标题栏。

图 4-1-65 "设置"对话框

手动气阀		比例	1:1	01
		件数		
制图		(学号)	质量	共 张第 张
描图		(日期)		(校名)
审核		(日期)		

图 4-1-66 标题栏结果

执行"菜单"→"工具"→"图纸格式"→"定义标题块"命令,系统弹出如图4-1-67所示的"定义标题块"对话框后,单击制作好的标题栏,在"定义标题块"对话框单击"确定"按钮,即可完成标题块定义。

(3)对齐标题栏。将鼠标光标移至标题栏左上角,使其处于预选状态,单击鼠标右键,在系统弹出的快捷菜单中选择"设置"命令,系统弹出如图4-1-68所示的"设置"对话框,单击"公共"→"表区域",在"格式"选项组中"对齐位置"下拉列表选择"右下",即以标题栏右下角点为基点进行对齐。

图 4-1-67 "定义标题块"对话框

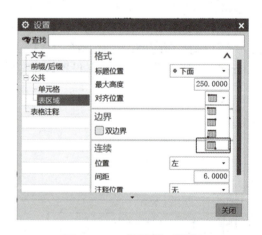

图 4-1-68 "设置"对话框

执行"菜单"→"编辑"→"注释"→"原点"命令,系统弹出如图4-1-69所示的"原点工具"对话框,单击"点构造器"按钮后,系统弹出如图4-1-70所示的"点"对话框,在"偏置"选项组中"偏置选项"选择"矩形","X增量"输入"292"(即图纸长度297 mm — 单边边框5 mm),"Y增量"输入"5"(即单边边框5 mm),在"点"对话框中单击"确定"按钮,在"原点工具"对话框单击"应用"按钮即可完成标题栏对齐。

图 4-1-69 "原点工具"对话框

图 4-1-70 "点"对话框

四、创建明细表和零件序号

（1）组件属性赋予。在手动气阀装配导航器中的空白区域单击鼠标右键，在系统弹出的快捷菜单中选择"属性"命令，系统弹出如图 4-1-71 所示的"装配导航器属性"对话框，在"列"选项卡中，勾选"信息"选项，在"属性"下拉列表中输入"名称"后单击旁边的"创建"按钮，同样的方法依次创建"材料"和"备注"，单击"确定"按钮后在装配导航器中即有名称、材料和备注列，如图 4-1-72 所示。

图 4-1-71 "装配导航器属性"对话框

图 4-1-72 名称、材料和备注列

（2）零件属性赋予。在装配导航器中选择"阀体"零件，单击鼠标右键，在系统弹出的快捷菜单中选择"设为显示部件"命令，进入"阀体"零件页面，在装配导航器中选择"阀体"零件，单击鼠标右键，在系统弹出的快捷菜单中选择"属性"命令，系统弹出如图 4-1-73 所示的"显示部件属性"对话框，在"标题 / 别名"中输入"名称"，"值"输入"阀体"，单击对号确认按钮添加新的属性后单击"应用"按钮，"标题 / 别名"输入"材料"，"值"输入"45"，单击对号确认按钮添加新的属性后单击"应用"按钮，"标题/别名"输入"备注"，"值"可以空白，单击对号确认按钮添加新的属性后，单击"应用"按钮。

同样的方法为其余零部件进行属性赋予，完成后装配导航器得到如图4-1-74所示的结果。

图4-1-73　"显示部件属性"对话框

图4-1-74　组件属性赋予结果

（3）创建零件明细表。在"表"面板中单击"零件明细表"按钮，或执行"菜单"→"插入"→"表格"→"零件明细表"命令，在图纸空白区域点选放置位置，得到系统默认的明细表，如图4-1-75所示。

| PC NO | PART NAME | QTY |

图4-1-75　系统默认明细表

1）调整明细表的大小。将鼠标光标移动到系统默认零件明细表的第一个"PC NO"单元格，使其处于点亮的预选状态，单击鼠标右键，系统弹出如图4-1-76所示的快捷菜单，选择"选择"→"列"选项，再次单击鼠标右键，系统弹出如图4-1-77所示的快捷菜单，选择"调整大小"选项，输入"12"，同样的方法，调整第二列列宽为"63"，第三列列宽为"12"。

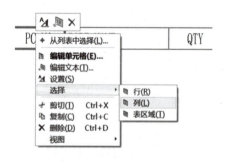

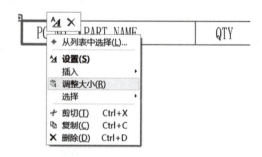

图4-1-76　"列"快捷菜单

图4-1-77　"调整大小"快捷菜单

2）插入两列。选中零件明细表的第二、三个单元格，单击鼠标右键，系统弹出如图4-1-77所示的快捷菜单，选择"选择"→"列"选项，再次单击鼠标右键，在系统弹出的快捷菜单中选择"插入"→"在右侧插入列"即可增加新的两列，并依次选择新增加的两列，将这两列的宽度调整到"18"和"35"。将鼠标光标移动到明细表左上角点选中整个表格，单击鼠标右

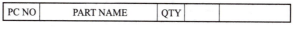

键，在系统弹出的快捷菜单中选择"选择"→"行"，再次单击鼠标右键，在系统弹出的快捷菜单中选择"调整大小"，系统会弹出"调整行大小警告"对话框，选择"是"后直接输入行高"8"即可完成明细表大小调整，结果如图4-1-78所示。

PC NO	PART NAME	QTY		

图 4-1-78　调整尺寸后的明细表

（4）零件明细表属性关联。将鼠标光标移动到系统默认零件明细表的第二个"PART NAME"单元格，使其处于点亮的预选状态，单击鼠标右键，在系统弹出的快捷菜单中选择"选择"→"列"选项，再次单击鼠标右键，在系统弹出的快捷菜单中选择"设置"命令，系统弹出如图4-1-79所示的"设置"对话框，单击"列"，在"内容"选项组中单击"属性名称"后的"选择"按钮，系统弹出如图4-1-80所示的"属性名称"对话框，选择"名称"选项后，单击"确定"按钮。用同样的方法完成"材料""备注"列的属性关联，得到如图4-1-81所示的明细表。

图 4-1-79　"设置"对话框

图 4-1-80　"属性名称"对话框

PC NO	名称	QTY	材料	备注

图 4-1-81　属性关联后的明细表

双击"PC NO"单元格更改文本内容为"序号"，双击"QTY"单元格更改文本内容为"数量"。此时的明细表只有一行，需要编辑明细表的级别才能显示所有行，将鼠标光标移动到明细表左上角点，使整个表格处于预选状态后，单击鼠标右键，在系统弹出的快捷菜单中选择"编辑级别"选项，系统弹出如图4-1-82所示的"编辑级别"对话框，在该对话框中选择"主模型"后单击对号确定按钮，即可自动生成如图4-1-83所示的明细表。若明细表大小不规整，可以选中整个表格，单击鼠标右键，在系统弹出的快捷菜单中选择"设置"选项，即可在"设置"对话框中，设置"文字"字体为"仿宋"，"高度"为"3.5"，在"单元格"选项组中"文本对齐"选择"中心"，"边界"颜色选择"黑色"。

图 4-1-82 "编辑级别"对话框

6	手柄球	1	酚醛塑料	
5	螺母	1	35	外购
4	芯杆	1	35	
3	O形密封圈18×2.4 GB/T 3452.1—2005	4	橡胶	外购
2	气阀杆	1	45	
1	阀体	1	45	
序号	名称	数量	材料	备注

图 4-1-83 自动生成的明细表

（5）对齐明细表。将鼠标光标移动至明细表左上角，使其处于预选状态，单击鼠标右键，在系统弹出的快捷菜单中选择"设置"命令，系统弹出"设置"对话框，单击"公共"→"表区域"，在"格式"选项组"对齐位置"下拉列表选择"右下"，即以明细表右下角点为基点进行对齐。

执行"菜单"→"编辑"→"注释"→"原点"命令，或将鼠标光标移动到明细表左上角点，使整个明细表处于预选状态，单击鼠标右键，在系统弹出的快捷菜单中选择"原点"命令，系统弹出"原点工具"对话框，单击"点构造器"按钮后，弹出"点"对话框，在"偏置"选项组中"偏置选项"选择"矩形"，"X 增量"输入"292"（即图纸长度 297 mm—单边边框 5 mm），"Y 增量"输入"45"（即单边边框 5 mm + 标题栏高度 40 mm），在"点"对话框单击"确定"按钮，在"原点工具"对话框单击"应用"按钮即可完成明细表对齐。

（6）创建零件序号。在"表"面板中单击"自动符号标注"按钮，或执行"菜单"→"插入"→"表格"→"自动符号标注"命令，系统弹出"零件明细表自动符号标注"对话框［图 4-1-84（a）］，"对象"选择零件"明细表"后系统弹出"零件明细表自动符号标注"对话框［图 4-1-84（b）］，选择全剖的主视图，单击"确定"按钮即可生成零件序号。

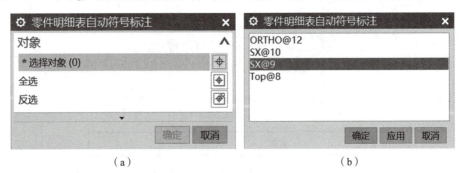

（a）　　　　　　　　　　　　（b）

图 4-1-84 "零件明细表自动符号标注"对话框

1）零件序号格式修改。自动生成的零件序号是圆形球标，想要更改成下划线格式，可双击明细表，系统弹出如图 4-1-85 所示的"设置"对话框，在"零件明细表"选项中"标注"选项组"符号"下拉列表中选择"下划线"即可。

2）零件序号排序。单击"制图工具 -GC 工具箱"→"装配序号排序"按钮，或执行"菜单"→"GC 工具箱"→"制图工具"→"装配序号排序"命令，系统弹出如图 4-1-86 所示的"装配序号排序"对话框，"初始装配序号"选择最上方的手柄球的零件序号，单击"确定"按钮即可完成零件序号排序。

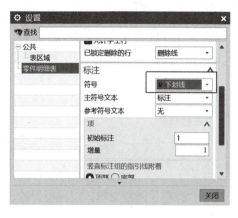

图 4-1-85 "设置"对话框

图 4-1-86 "装配序号排序"对话框

五、创建注释

1. 创建相关尺寸

尺寸标注与草图模块的尺寸标尺基本一致，本案例不再赘述。

2. 创建方向箭头

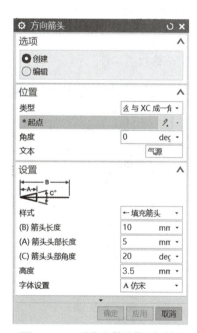

在工具栏单击"制图工具 -GC 工具箱"→"方向箭头"按钮，或执行"菜单"→"GC 工具箱"→"注释"→"方向箭头"命令，系统弹出如图 4-1-87 所示的"方向箭头"对话框，"起点"选择方向箭头要放置的起点位置，"角度"根据需要设置，本案例设置"0"，"文本"输入"气源"，在"设置"选项组中"箭头长度"输入"10"，"箭头头部长度"设置"5"，"高度"设置"3.5"，单击"确定"按钮，完成如图 4-1-88 所示的气源方向箭头绘制，同样的方法完成大气和工作缸的方向箭头绘制，注意大气方向箭头的角度应设置为"-90"。

图 4-1-87 "方向箭头"对话框

3. 创建技术要求

在工具栏单击"制图工具 -GC 工具箱"→"技术要求库"按钮，或执行"菜单"→"GC 工具箱"→"注释"→"技术要求库"命令，系统弹出如图 4-1-89 所示的"技术要求"对话框，"Specify Position"选择技术要求要放置的起点位置，"Specify End Point"选择技术要求放置的终点位置，在"技术要求库"中选择"装配通用技术要求"，根据需要选择正确的技术要求，在"设置"选项组中选择"字体设置"为"仿宋"，单击"确定"按钮后即可完成技术要求调用。双击已经调用的技术要求，可以进行技术要求的设置与更改。

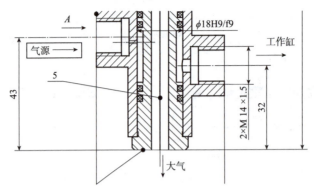

图 4-1-88 "方向箭头"绘制结果

六、保存与导出工程图

完成工程图，执行"文件"→"保存"命令，打开"保存"下拉菜单，可以根据需求进行 UG 源文件的"保存""另存为"等操作。

执行"文件"→"导出"命令，打开"导出"下拉菜单，本实例介绍 PDF 格式和 AutoCAD 文件的导出方法。

1. 工程图导出 PDF 文件

执行"文件"→"导出"→"PDF"命令，系统弹出如图 4-1-90 所示的"导出 PDF"对

图 4-1-89 "技术要求"对话框

图 4-1-90 "导出 PDF"对话框

话框。其中，"目标"选项组用于设置文件保存路径，"设置"选项组用于选择是否添加水印、设置图像分辨率等，建议将"图像分辨率"设置为"高"，这样导出的图像更光滑。设置完成后单击"确定"按钮，完成导出。

2. 工程图导出 AutoCAD 图

在三维建模环境下生成的工程图有时需要转为 AutoCAD 的".dwg"格式的图形文件，执行"文件"→"导出"→"AutoCAD DXF/DWG…"命令，系统弹出如图 4-1-91 所示的"AutoCAD DXF/DWG 导出向导"对话框，单击"输入和输出"，"导出自"选择"现有部件"，"导出至"选择"DWG"，"导出为"选择"2D"，"输出至"选择文件的保存目录，单击"下一步"按钮，可以选择"要导出的数据""DXF/DWG 版本"以及完成其他个性化设置，单击"完成"按钮，实现格式转化。说明：对 UG NX 导出的".dwg"格式的文件，在 AutoCAD 打开后需要先将其所有线条修改为"Bylayer"（随层），然后通过分层设置实现图线等属性的修改。

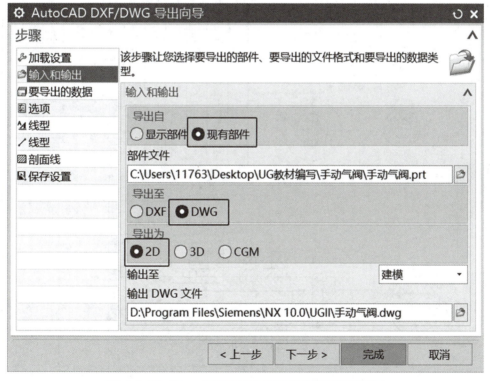

图 4-1-91 "AutoCAD DXF/DWG 导出向导"对话框

至此本任务全部完成，任务结果如图 4-1-92 所示。

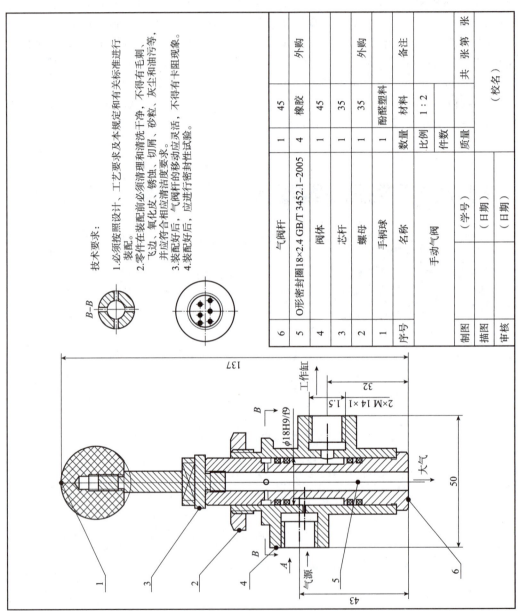

技术要求：

1.必须按照设计、工艺要求及本规定和有关标准进行装配。

2.零件在装配前必须清理和清洗干净，不得有毛刺、飞边、氧化皮、锈蚀、切屑、砂粒、灰尘和油污等，并应符合相应清洁度要求。

3.装配好后，气阀杆的移动应灵活，不得有卡阻现象。

4.装配好后，应进行密封性试验。

6		气阀杆	1	45		外购
5	O形密封圈18×2.4 GB/T 3452.1—2005		4	橡胶		
4		阀体	1	45		
3		芯杆	1	35		外购
2		螺母	1	35		
1		手柄球	1	酚醛塑料		
序号		名称	数量	材料		备注
手动气阀			比例	1：2		
			件数	质量		
制图		（学号 ）				共　张　第　张
描图		（日期 ）				（校名 ）
审核		（日期 ）				

图 4-1-92　手动气阀工程图

大国工匠——胡双钱

胡双钱，中国商飞上海飞机制造有限公司数控机加车间钳工组组长，一位本领过人的飞机制造师。在 30 年的航空技术制造工作中，他经手的零件上千万，没有出过一次质量差错。

"每个零件都关系着乘客的生命安全，确保质量是我最大的职责。"核准、划线，锯掉多余的部分，拿起气动钻头依线点导孔，握着锉刀将零件的锐边倒圆、去毛刺、打光这样的动作，他整整重复了 30 年。额头上的汗珠顺着脸颊滑落，和着空气中飘浮的铝屑凝结在头发上、脸上、工服上，这样的"铝人"，他一当就是 30 年。

胡双钱读书时，技校老师是位修军机的老师傅，经验丰富、作风严谨。"学飞机制造技术是次位，学做人是首位。干活，要凭良心。"这句话对他影响颇深。"我每天睡前都喜欢'放电影'，想想今天做了什么，有没有做好。"一次，胡双钱按流程给一架在修理的大型飞机拧螺钉、上保险、安装外部零部件。那天回想工作，胡双钱对"上保险"这一环节感到怎么也不踏实。保险对螺钉起固定作用，确保飞机在空中飞行时，不会因振动过大导致螺钉松动。思前想后，胡双钱还是不踏实，凌晨 3 点，他又骑着自行车赶到单位，拆去层层外部零部件，保险醒目出现，一颗悬着的心落了下来。从此，每做完一步，他都会定睛看几秒再进入下道工序。"再忙也不缺这几秒，质量最重要！""一切为了让中国人自己的新支线飞机早日安全地飞行在蓝天。"

自从 2003 年参与 ARJ21 新支线飞机项目后，胡双钱对质量有了更高的要求。他深知 ARJ21 是民用飞机，承载着全国人民的期待和梦想，又是"首创"，风险和要求都高了很多。胡双钱让自己的"质量弦"绷得更紧了。无论是多么简单的加工，他都会在干活前认真核校图纸，操作时小心谨慎，加工完多次检查，"慢一点、稳一点、精一点、准一点"。凭借多年积累的丰富经验和对质量的执着追求，胡双钱在 ARJ21 新支线飞机零件制造中大胆进行工艺技术攻关创新。型号生产中的突发情况时有发生，加班加点对胡双钱来说是"家常便饭"。"哪行哪业不加班"，他总说，"为了让中国人自己的新支线飞机早日安全飞行在蓝天，我义不容辞"。一次临近下班，车间接到生产调度的紧急任务，要求连夜完成两个 ARJ21 新支线飞机特制件任务，次日凌晨就要在装配车间现场使用。为了完成任务，他下班没有回家，结果没有让大家失望，次日凌晨 3 点，这批急件任务终于完成，并一次提交合格。

55 岁的胡双钱是上海飞机制造有限公司里年龄最大的钳工。在这个 3 000 m^2 的现代化厂房里，胡双钱和他的钳工班组所在的角落并不起眼，而打磨、钻孔、抛光，对重要零件细微调整，这些大飞机需要的精细活都需要他们手工完成。划线是钳工作业最基础的步骤，稍有不慎就会导致"差之毫厘、谬以千里"的结果。为此，老胡发明了自己的"对比检查法"，他从最简单的涂淡金水开始，把它当成是零件的初次划线，根据图纸零件形状涂在零件上。"好比在一张纸上先用毛笔写一个字，然后用钢笔再在这张纸上同一个地方写同样一个字，这样就可以增加一次复查的机会，减少事故的发生。"胡双钱说。

"反向验证法"则是令胡双钱最为珍视的"金科玉律""独家秘诀"。这也与最基础的划线有关。钳工在划线零件角度时，通常采用万能角度尺划线，那么如何验证划线是否正确？如果采用同样方法复查，很难找出差错。这时胡双钱就会再用三角函数计算出划线长度进行验证。

结果一致，OK；结果不相符，就说明有问题了。这样做，无异于在这一基础环节上做了双倍的工作量，但却为保证加工的准确和质量，上了"双保险"。他说，"质量问题不是罚不罚款能解决的，飞机关系到生命，干活要凭良心"。

因为长期接触漆色、铝屑，胡双钱的双手已经有些发青，而经这双手制造出来的零件被安装在近千架飞机上，飞往世界各地。胡双钱在这个车间已经工作了 35 年，经他手完成的零件没有出过一个次品。

近年来，默默无闻的胡双钱获得了不少荣誉。2009 年，他荣获全国五一劳动奖章，2015 年又被评为全国劳动模范，平生第一次走进庄严的北京人民大会堂接受表彰，胡双钱感慨"我们赶上了好时代"。他说，"我们的民机事业经历过坎坷与挫折，但终于熬过来了，迎来了春天。我们应该更加珍惜今天的事业，想要更好，也还要靠自己"。

胡双钱现在最大的愿望是，"最好再干 10 年、20 年，为中国大飞机多做一点"。

任务单

手动气阀工程图设计工作单

学习情境四	工程图设计		任务一	手动气阀工程图设计
工作方式	组内讨论、团结协作共同制订计划； 小组成员进行工作讨论，确定工作步骤		计划学时	0.5 学时
完成人	1. 4.	2. 5.	3. 6.	
计划依据：手动气阀结构特点、国家制图标准				
序号	计划步骤		具体工作内容描述	
1	准备工作 （准备软件、图纸、工具、量具，谁去做？）			
2	组织分工 （成立组织，人员具体都完成什么？）			
3	制订工程图表达方案 （采用几个视图？选择哪些表达方法？采用什么标注策略？）			
4	手动气阀工程图设计 （设计前准备什么？使用哪些命令？设计参数如何输入？如何完成设计？设计过程中发现哪些问题？如何解决？）			
5	整理资料 （谁负责？整理什么？）			

制订计划说明	（写出组内成员在完成任务方面的主要建议或可以借鉴的建议、需要解释的某一方面）

决策单

学习情境四	工程图设计	任务一	手动气阀工程图设计
决策学时		0.5 学时	

决策目的：手动气阀工程图设计方案对比分析，视图选择、表达方式、尺寸标注等

设计方案对比	方案组员	设计的可行性（视图选择）	设计的合理性（表达方式）	设计的经济性（尺寸标注）	综合评价
	1				
	2				
	3				
	4				
	5				
	6				

决策评价	结果：（根据组内成员设计方案对比分析，对自己的设计方案进行修改并说明修改原因，最后确定一个最佳方案）

检查单

学习情境四	工程图设计	任务一	手动气阀工程图设计
评价学时		课内 0.5 学时	第　　组
检查目的及方式	教师监控小组的工作情况，如果检查等级为不合格，则小组需要整改，并拿出整改说明		

序号	检查项目	检查标准	检查结果分级 （在检查相应的分级框内划"√"）				
			优秀	良好	中等	合格	不合格
1	准备工作	资源是否已查到，材料是否准备完整					
2	分工情况	安排是否合理、全面，分工是否明确					
3	工作态度	小组工作是否积极主动、全员参与					
4	纪律出勤	是否按时完成负责的工作内容、遵守工作纪律					
5	团队合作	是否相互协作、互相帮助，成员是否听从指挥					
6	创新意识	任务完成不照搬照抄，看问题具有独到见解、创新思维					
7	完成效率	工作单是否记录完整，是否按照计划完成任务					
8	完成质量	工作单填写是否准确，设计过程、尺寸公差是否达标					
检查 评语						教师签字：	

任务评价

小组工作评价单

学习情境四	工程图设计		任务一		手动气阀工程图设计	
评价学时			课内 0.5 学时			
班级：				第　组		
考核情境	考核内容及要求	分值（100）	小组自评（10%）	小组互评（20%）	教师评价（70%）	实得分（∑）
汇报展示（20）	演讲资源利用	5				
	演讲表达和非语言技巧应用	5				
	团队成员补充配合程度	5				
	时间与完整性	5				
质量评价（40）	工作完整性	10				
	工作质量	5				
	报告完整性	25				
团队情感（25）	社会主义核心价值观	5				
	创新性	5				
	参与率	5				
	合作性	5				
	劳动态度	5				
安全文明（10）	工作过程中的安全保障情况	5				
	工具正确使用和保养、放置规范	5				
工作效率（5）	能够在要求的时间内完成，每超时 5 分钟扣 1 分	5				

小组成员素质评价单

学习情境四		工程图设计		任务一		手动气阀工程图设计		
班级			第　组		成员姓名			

评分说明	每个小组成员评价分为自评和小组其他成员评价两部分，取平均值计算，作为该小组成员的任务评价个人分数。评价项目共设计 5 个，依据评分标准给予合理量化打分。小组成员自评分后，要找小组其他成员以不记名方式打分

评分项目	评分标准	自评分	成员 1 评分	成员 2 评分	成员 3 评分	成员 4 评分	成员 5 评分
核心价值（20分）	是否有违背社会主义核心价值观的思想及行动						
工作态度（20分）	是否按时完成负责的工作内容、遵守纪律，是否积极主动参与小组工作，是否全过程参与，是否吃苦耐劳，是否具有工匠精神						
交流沟通（20分）	是否能良好地表达自己的观点，是否能倾听他人的观点						
团队合作（20分）	是否与小组成员合作完成任务，做到相互协作、互相帮助、听从指挥						
创新意识（20分）	看问题是否能独立思考，提出独到见解，是否能够用创新思维解决遇到的问题						
小组成员最终得分							

学习情境四	工程图设计	任务一	手动气阀工程图设计
班级	第　组	成员姓名	
情感反思	通过对本任务的学习和实训，你认为自己在社会主义核心价值观、职业素养、学习和工作态度等方面有哪些需要提高的部分？		
知识反思	通过对本任务的学习，你掌握了哪些知识点？请画出思维导图。		
技能反思	在完成本任务的学习和实训过程中，你主要掌握了哪些技能？		
方法反思	在完成本任务的学习和实训过程中，你主要掌握了哪些分析和解决问题的方法？		

完成图 4-1-93 所示泵轴三维模型的造型设计及二维工程图设计。

低速轴的三维模型设计本任务不再赘述，请读者自行完成三维建模。

一、创建图纸页和预设置

1. 进入"制图"模块

启动 UG NX 10.0 软件，打开低速轴三维模型，在"文件"菜单"启动"选项中选择"制图"，或在工具栏中单击"应用模块"按钮，在"设计"命令组单击"制图"按钮，也可以直接按［Ctrl+Shift+D］组合键，进入"制图"模块。

2. 新建图纸页

单击"新建图纸页"按钮，弹出"选择图纸页"对话框，在"大小"选项组中"标准尺寸"选择"A3-297×420"，"比例"选择"1：1"，在"设置"选项组中"单位"选择"毫米"，"投影"选择"第一角投影"，单击"确定"按钮后即进入工程图环境。如果系统弹出"视图创建向导"对话框，单击"取消"按钮即可。

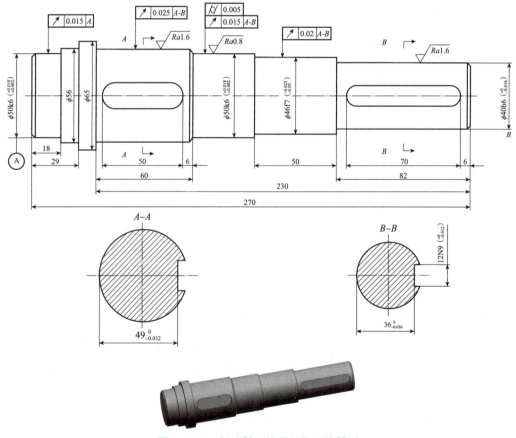

图 4-1-93　低速轴二维图纸及三维模型

3.首选项设置

执行"菜单"→"工具"→"制图标准"命令,弹出"加载制图标准"对话框。在"要加载的标准"选项组中"标准"选择"GB",单击"确定"按钮后完成制图标准的加载。

执行"菜单"→"首选项"→"制图"命令,弹出如图4-1-94所示的"制图首选项"对话框。

单击"公共"→"文字"按钮,在"文本参数"中选择"仿宋","高度"输入"3.5","宽高比"输入"0.7"。

单击"公共"→"直线/箭头"→"箭头"按钮,"第1侧指引线和尺寸"和"第2侧尺寸"的线宽均选择"0.25 mm"。

单击"公共"→"前缀/后缀"→"倒斜角尺寸"按钮,"位置"选择"C5×5之前","文本"输入大写字母"C"。

单击"视图"按钮,"可见线"可采用默认设置,也可以根据需求进行颜色、宽度的设置,"隐藏线"设置为"不可见","着色"设置为"线框模式","轴测图"设置为"完全着色"模式,"光顺边"设置为"不显示光顺边"。

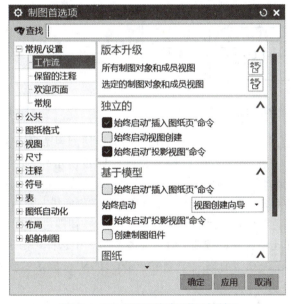

图4-1-94 "制图首选项"对话框

二、创建视图

1.创建主视图

在工具栏中单击"视图"→"基本视图"按钮,或执行"菜单"→"插入"→"视图"→"基本"命令,弹出"基本视图"对话框,在"模型视图"选项组中单击"定向视图工具"按钮,弹出"定向视图"对话框,在"定向视图"对话框内选择如图4-1-95所示的法向矢量和X向矢量,单击"确定"按钮完成视图定向;或在"定向视图"对话框内旋转模型,调整至合适的视图方向,按[F8]键,完成视图定向。将定向好的模型放置到图纸的合适位置,单击鼠标左键,完成基本视图创建并进行相关设置后单击"确定"按钮,在绘图区选择放置点并单击鼠标左键,结果如图4-1-96所示。

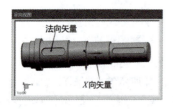

图 4-1-95 法向矢量和 X 向矢量

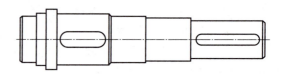

图 4-1-96 基本视图结果

2. 创建移出断面图

在工具栏中单击"视图"→"剖视图"按钮，或执行"菜单"→"插入"→"视图"→"剖视图"命令，弹出"剖视图"对话框，在"截面线"选项组"方法"下拉列表中选择"简单剖/阶梯剖"，在"截面线段"选项组"指定位置"选择键槽特征轮廓线中点，如图 4-1-97 所示，在右侧水平位置单击空白区域放置剖视图，得到如图 4-1-98 所示的剖视图。

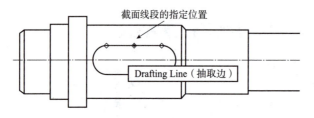

图 4-1-97 截面线段指定位置

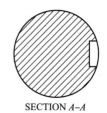

SECTION A–A

图 4-1-98 剖视图结果

将鼠标光标移动至剖视图边界，点亮剖视图边界，使剖视图处于预选状态，单击鼠标右键，在弹出的快捷菜单中选择"设置"，弹出如图 4-1-99 所示的"设置"对话框，单击"截面"→"设置"，在"格式"选项组中取消勾选"显示背景"复选框，单击"确定"按钮即可。双击该剖视图的剖面线，弹出如图 4-1-100 所示的"剖面线"对话框，在"设置"选项组"距离"设置"4"，"颜色"设置"黑色"，单击"确定"按钮即可。双击"SECTION A–A"弹出"设置"对话框，单击"文字"按钮，在"文本参数"中选择"仿宋"，"高度"输入"5"，单击"截面"→"标签"，在"前缀"中删除"SECTION"，单击"确定"按钮即可，并将"A–A"拖动至视图上方。

在工具栏中单击"注释"→"中心标记"按钮，或执行"菜单"→"插入"→"中心线"→"中心标记"命令，弹出"中心标记"对话框，选择圆心位置，单击"确定"按钮即可。用同样的方法得到另外一个键槽处的断面图，两个断面图结果如图 4-1-101 所示。

图 4-1-99 "设置"对话框

图 4-1-100 "剖面线"对话框

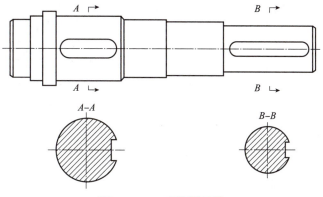

图 4-1-101　断面图结果

三、插入图框和标题栏

在工具栏中单击"制图工具–GC 工具箱"→"替换模板"按钮，或执行"菜单"→"GC 工具箱"→"制图工具"→"替换模板"命令，弹出如图 4-1-102 所示的"工程图模板替换"对话框，"选择替换模板"选择"A3–"，单击"确定"按钮后即可导出软件自带图框和标题栏。

此时的标题栏是无法进行编辑的，执行"菜单"→"格式"→"图层设置"命令，或按［Ctrl+L］快捷键，弹出如图 4-1-103 所示的"图层设置"对话框，在该对话框中取消勾选"170"图层和"173"图层的"仅可见"复选框，勾选这两个图层的"工作"复选框，单击"关闭"按钮后即可对标题栏进行编辑。

双击标题栏右下角单元格，将文本内容更改为学校名，执行"菜单"→"工具"→"图纸格式"→"定义标题块"命令，弹出"定义标题块"对话框，单击制作好的标题栏的"确定"按钮后，即可完成标题块定义，得到如图 4-1-104 所示的标题栏。

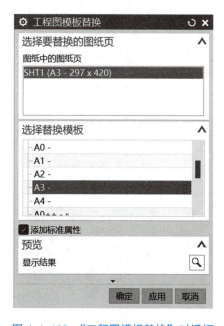

图 4-1-102　"工程图模板替换"对话框

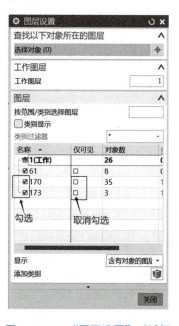

图 4-1-103　"图层设置"对话框

					低速轴		1		
							图样标记	质量	比例
标记	处数	更改文件号	签字	日期					
设计							共　页		第　页
校对									
审核							（学校名）		
批准									

图 4-1-104　标题栏结果

四、创建注释

1. 尺寸标注

单击工具栏中"尺寸快速格式化工具 -GC 工具箱"→"拟合符号和公差"按钮，使该尺寸格式处于选中状态，如图 4-1-105 所示。在工具栏中单击"尺寸"→"快速"按钮，或执行"菜单"→"插入"→"尺寸"→"快速"命令，弹出如图 4-1-106 所示的"快速尺寸"对话框，在"测量"选项组中"方法"选择"圆柱坐标系"，点选轴左端轴径，在弹出如图 4-1-107 所示的对话框中完成轴公差代号设置，并完成该段轴径尺寸标注，如图 4-1-108 所示。

单击工具栏中"尺寸快速格式化工具 -GC 工具箱"→"单向负公差"按钮，使该尺寸格式处于选中状态，如图 4-1-109 所示。单击工具栏中"尺寸"→"快速"按钮，选择键槽深度处尺寸，设置如图 4-1-110 所示的"下偏差"为"-0.032"，完成如图 4-1-111 所示的键槽处尺寸标注。

2. 标注表面粗糙度

单击工具栏中"注释"→"表面粗糙度符号"按钮，或执行"菜单"→"插入"→"注释"→"表面粗糙度符号"命令，弹出如图 4-1-112 所示的"表面粗糙度"对话框，在"属性"选项组"除料"下拉列表中选择"修饰符，需要除料"，"波纹"输入"Ra1.6"，把生成的表面粗糙度符号放置合适位置即可得到如图 4-1-113 所示的表面粗糙度标注结果。

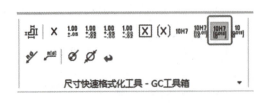

图 4-1-105　"拟合符号和公差"按钮　　　　图 4-1-106　"快速尺寸"对话框

248

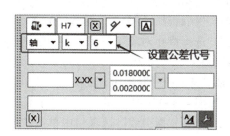

图 4-1-107　轴公差代号设置（一）

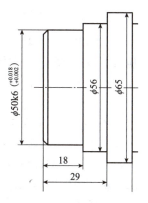

图 4-1-108　标注结果

图 4-1-109　"单向负公差"命令

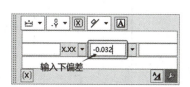

图 4-1-110　轴公差代号设置（二）

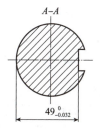

图 4-1-111　标注结果

图 4-1-112　"表面粗糙度"对话框

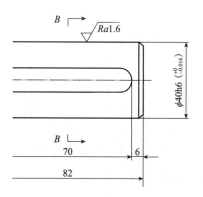

图 4-1-113　表面粗糙度标注结果

249

3. 标注形位公差

（1）形位公差标注。单击工具栏中"注释"→"特征控制框"按钮，或执行"菜单"→"插入"→"注释"→"特征对话框"命令，弹出如图 4-1-114 所示的"特征控制框"对话框，在"框"选项组"特征"下拉列表中选择"圆跳动"，"公差"输入"0.02"，"第一基准参考"输入"A-B"，在"指引线"选项组单击"选择终止对象"按钮，选择形位公差放置位置，生成如图 4-1-115 所示的形位公差标注结果。

（2）基准标注。单击工具栏中"注释"→"基准特征符号"按钮，或执行"菜单"→"插入"→"注释"→"基准特征符号"命令，弹出如图 4-1-116 所示的"基准特征符号"对话框，在"基准标识符"选项组中"字母"输入"A"，在"指引线"选项组中单击"选择终止对象"按钮，选择基准特征符号放置位置，生成如图 4-1-117 所示的结果。

图 4-1-114 "特征控制框"对话框

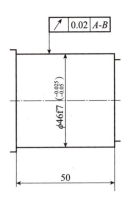

图 4-1-115 形位公差标注结果

图 4-1-116 "基准特征符号"对话框

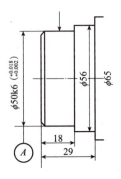

图 4-1-117 基准特征符号标注结果

至此本任务全部完成，任务结果如图 4-1-118 所示。

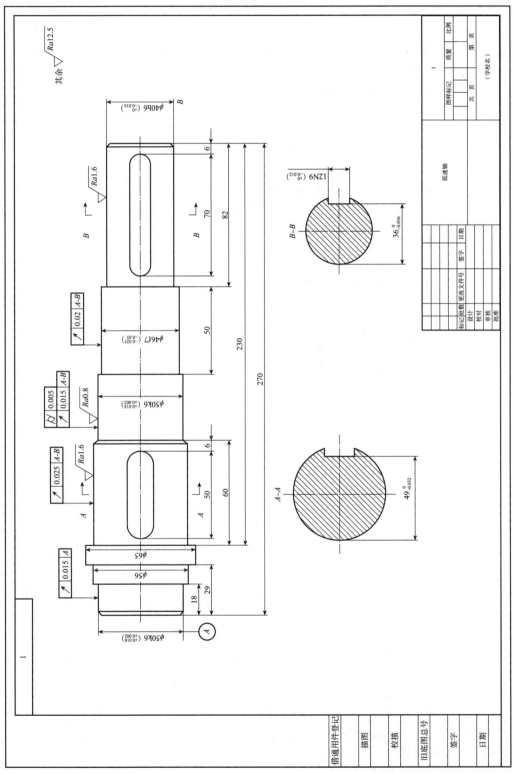

图 4-1-118　低速轴工程图结果

251

根据图 4-1-119 所示的阶梯轴零件图完成该零件三维模型绘制，并生成二维工程图纸。

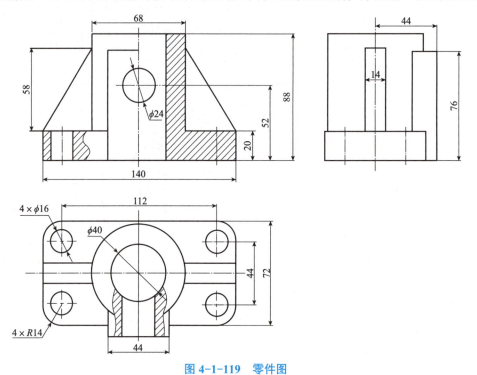

图 4-1-119　零件图

任务二　虎钳工程图设计

虎钳工程图
设计

学习情境四	工程图设计	任务二	虎钳工程图设计
任务学时		4 学时（课外 4 学时）	
布置任务			
任务目标	1. 根据虎钳装配体模型，完成工程图设计。 2. 能够选择合理的表达方式进行装配图表达。 3. 能够进行正确的尺寸标注		

学习情境四	工程图设计		任务二	虎钳工程图设计	
任务学时			4学时（课外4学时）		
布置任务					
任务描述	利用 UG NX 10.0 软件完成"虎钳"的总装工程图设计。 要求： 1. 选择恰当的表达方法，完整地展现虎钳的结构，能够体现关键部件的装配关系，体现虎钳的夹持范围。 2. 标题栏包含图号、名称、材料、比例等信息。BOM 表需要列出所有零件（含标准件型号与数量）。 3. 标注总体尺寸、配合公差（如 H7/g6）、技术要求（如装配后丝杠转动灵活）					
学时安排	资讯 1学时	计划 0.5学时	决策 0.5学时	实施 1学时	检查 0.5学时	评价 0.5学时
提供资源	1. 虎钳三维装配模型（图 4-2-1）。 2. 电子教案、课程标准、多媒体课件、教学演示视频及其他共享数字资源。 3. 虎钳工程图纸。 4. 游标卡尺等工具和量具 图 4-2-1　虎钳三维装配模型					
对学生学习及成果的要求	1. 学生具备虎钳三维装配图的识读能力。 2. 严格遵守实训基地各项管理规章制度。 3. 工程图纸表达清晰、正确，尺寸标注完整。 4. 每位同学均能按照学习导图自主学习，并完成课前自学的问题训练和自学自测。 5. 严格遵守课堂纪律，学习态度认真、端正，能够正确评价自己和同学在本任务中的素质表现。 6. 每位同学必须积极参与小组工作，承担零件设计过程、零件校验等工作，做到能够积极主动、不推诿，能够与小组成员合作完成工作任务。 7. 每位同学均须独立或在小组同学的帮助下完成任务工作单、工艺文件、三维模型文件。 8. 提交虎钳装配图纸、工程图设计视频等，并提请检查、签认，对提出的建议或有错误的地方务必及时修改。 9. 每组必须完成任务工单，并提请教师进行小组评价，小组成员分享小组评价分数或等级。 10. 每位同学均完成任务反思，以小组为单位提交					

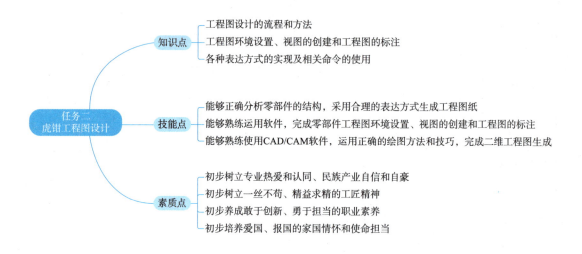

知识点
- 工程图设计的流程和方法
- 工程图环境设置、视图的创建和工程图的标注
- 各种表达方式的实现及相关命令的使用

任务二
虎钳工程图设计

技能点
- 能够正确分析零部件的结构,采用合理的表达方式生成工程图纸
- 能够熟练运用软件,完成零部件工程图环境设置、视图的创建和工程图的标注
- 能够熟练使用CAD/CAM软件,运用正确的绘图方法和技巧,完成二维工程图生成

素质点
- 初步树立专业热爱和认同、民族产业自信和自豪
- 初步树立一丝不苟、精益求精的工匠精神
- 初步养成敢于创新、勇于担当的职业素养
- 初步培养爱国、报国的家国情怀和使命担当

课前自学

一、创建视图

工程图中最主要的组成部分就是视图。工程图用视图来表达零部件的形状与结构,复杂零部件又需要由多个视图来共同表达才能使人看得清楚、看得明白。在机械制图中,视图被细分为许多种类,有主视图、投影视图(左视图、右视图、俯视图、仰视图)和轴测图;有局部放大视图、剖视图和断开视图等。在 UG NX 10.0 中创建工程图视图的总体思路如下:先在工程图中插入主视图并创建其投影视图,然后使用"菜单"→"插入"→"视图"中的相关命令创建所需的剖视图、辅助视图和局部放大视图等,并根据实际需要调整个别视图的显示模式及隐藏或显示相应的边线,即可获得所需的工程图视图。

1. 基本视图

基本视图是基于 3D 几何模型的视图,它可以独立放置在工作表中,也可以成为其他视图类型的父视图。

进入制图环境。单击"应用模块"工具栏"设计"面板中的"制图"按钮,进入制图环境。新建工作表,执行"菜单"→"插入"→"图纸页"命令(或单击"新建图纸页"按钮),弹出如图 4-2-2 所示的"图纸页"对话框。

在"视图"选项卡中选择"基本视图"命令,或执行"菜单"→"视图"→"基本视图"命令,弹出如图 4-2-3 所示的"基本视图"对话框,此时可以进行基本视图的创建,并定义基本视图参数。其相关参数说明如下:

图 4-2-2 "图纸页"对话框

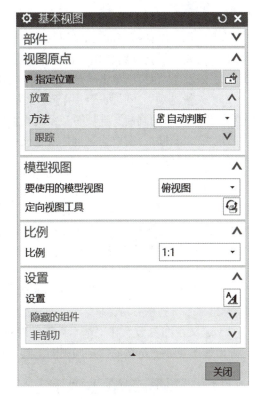

图 4-2-3 "基本视图"对话框

（1）"部件"选项组：用于选择要创建视图的部件，其中会显示"已加载的部件""最近访问的部件"的列表，也可以单击"文件夹"按钮选择其他部件文件。

（2）"视图原点"选项组：用于定义视图在图形区的摆放位置，放置方法包括自动判断、水平、垂直于直线和叠加等方式。

（3）"模型视图"选项组：用于定义模型的视图方向，可从下拉列表中选择俯视图、前视图和右视图等八个方位；单击该选项组中的"定向视图工具"按钮，弹出"定向视图工具"对话框，通过该对话框可以定义视图的方位，具体操作方法可参考后面的操作内容。

（4）"比例"下拉列表：用于在添加视图之前为基本视图指定一个特定的比例。默认的视图比例与当前的工作表比例一致。

（5）"设置"选项组：用于完成视图样式的设置，单击该区域中的"文字"按钮，系统弹出"视图样式"对话框，在其中可以设置该视图的具体样式。

"非剖切"区域：用于选择要设为非剖切的组件对象。

将鼠标光标移动到绘图区中的合适位置，单击以放置主视图。

2. 投影视图

投影视图是以最后放置的基本视图作为俯视图来产生的视图（用户也可以选择其他已经创建的视图作为俯视图），在放置时系统会自动判断出正交视图或辅助视图，或者由用户来设置投影的方向。

创建投影视图的一般操作过程如下：系统弹出如图 4-2-4 所示的"投影视图"对话框，将鼠标光标移动到俯视图的正下方位置，单击以放置父视图。单击"投影视图"对话框中的"关闭"按钮，关闭对话框。

"投影视图"对话框中选项的说明如下：

（1）"父视图"选项组：用于选择要投影视图的父视图，系统默认自动选择最后一个基本视图作为父视图，也可以单击"选择视图"按钮选择其他基本视图。

（2）"矢量选项"下拉列表：用于定义铰链线的方向，包括"自动判断"和"已定义"两个选项。选择"自动判断"选项时，系统根据鼠标光标围绕父视图的位置来自动判断方向；选择"已定义"选项时，需要通过选择或定义一个矢量来定义投影方向，需要注意的是，投影方向垂直于所选择的矢量方向。

3. 创建轴测视图

轴测视图的投影方向是与其他基本视图有明显区别的，通常在图纸上放置若干个轴测视图，可帮助读图人员快速识别图纸上的零件模型，从而提高图纸的信息含量。创建轴测视图也是通过基本视图命令来完成的。下面继续前面的操作来讲解创建轴测视图的一般操作过程。

（1）选择命令。执行"菜单"→"视图"→"基本"命令（或单击"视图"工具栏中的按钮），弹出"基本视图"对话框。

（2）定义视图参数。在"基本视图"对话框的"模型视图"中单击"定向视图工具"按钮，弹出如图 4-2-5 所示的"定向视图工具"对话框。

图 4-2-4 "投影视图"对话框

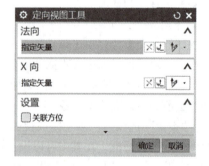

图 4-2-5 "定向视图工具"对话框

（3）在"定向视图工具"对话框中单击"确定"按钮，返回到"基本视图"对话框，在图纸中的合适位置单击以放置视图。

（4）自动弹出"投影视图"对话框，单击"关闭"按钮，关闭"投影视图"对话框。

"定向视图工具"对话框中各选项的说明如下：

（1）"法向"选项组：用于定义视图的法向方向，可以通过按［F8］键或从模型中选取矢量进行定义。

（2）"X向"选项组：用于定义视图的水平方向，可以通过按［F8］键或从模型中选取矢量进行定义。

（3）"关联方位"复选框：用于定义视图平面和水平方向是否关联。

4. 创建标准视图

使用"标准视图"命令可快速创建零件或装配体的标准方位视图。下面讲解创建标准视图的一般操作过程。

打开零件图，系统进入制图环境，执行"菜单"→"插入"→"视图"→"标准"命令，弹出如图 4-2-6 所示的"标准视图"对话框。

设置视图参数。在"标准视图"对话框的"类型"下拉列表中选择"基本视图"选项，在"布局"下拉列表中选择"前视图/俯视图/右视图/正等测图"选项，在"放置"选项组的"选项"下拉列表中选择"中心"选项，然后在绘图区中单击合适的位置，系统放置所选布局的视图。

"标准视图"对话框中选项的说明如下：

（1）"类型"选项组：用于选择要放置视图的类型，选择"图纸视图"选项时创建空白的图纸视图；选择"基本视图"选项时创建基于 3D 模型的模型视图。

（2）"布局"选项组：用于定义标准视图的布局方式。

（3）"放置"选项组：用于定义视图的放置方式，选择"中心"选项时，需要在图形区中选取一个点；选择"角落"选项时，需要在图形区中指定两个对角点。

5. 创建剖视图

通常，剖视图用来表达零件的内部结构和形状，在 UG NX 10.0 中可以执行"简单/阶梯剖视图"命令创建工程图中常见的全剖视图和阶梯剖视图。下面分别说明创建全剖视图和阶梯剖视图的一般操作方法。

打开文件系统进入制图环境，执行"菜单"→"插入"→"视图"→"剖视图"命令，或单击"视图"功能区中的"剖视图"按钮，弹出如图 4-2-7 所示的"剖视图"对话框。定义剖切类型，在"截面线"选项组的"方法"下拉列表中选择"简单剖/阶梯剖"选项，选择剖切位置，放置剖视图。系统自动选择距离剖切位置最近的视图作为创建全剖视图的父视图。通常，半剖视图用来表达对称零件，一半剖视图表达了零件的内部结构，另一半剖视图则表达了零件的外形。

二、尺寸标注

工程图创建后，需要对工程图进行尺寸标注，在 UG 软件中标注和修改统一在相同的对话框中操作，十分方便。工程图的标注是工程图的一个重要组成部分。使用 UG 软件创建工程图，除创建所需视图外，还需要对视图进行相关的标注，如标注加工要求的尺寸精度、形位公差和表面粗糙度等。本处将着重介绍有关工程图的标注知识，主要内容如下。

执行"菜单"→"插入"→"尺寸"命令，如图 4-2-8 所示，弹出"快速尺寸"对话框，如图 4-2-9 所示，在对话框中选择相应选项或在工具栏中单击相应按钮，可以在视图中标注对象的尺寸。尺寸标注中主要的方法如下所述。

图 4-2-6 "标准视图"对话框

图 4-2-7 "剖视图"对话框

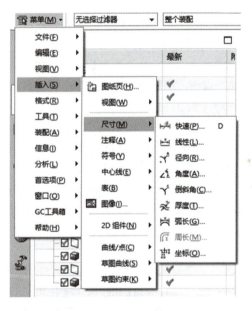

图 4-2-8 "尺寸"工具命令

图 4-2-9 "快速尺寸"对话框

（1）"自动判断"：系统根据所选对象的类型和鼠标位置自动判断生产尺寸标注。可选对象包括点、直线、圆弧、椭圆弧等。

（2）"水平"：选择该选项后，界面窗口下方出现捕捉点工具条，利用该工具条在视图中选择定义尺寸的参考点，选择好参考点后，将鼠标光标移动到合适位置，单击"确定"按钮，就可以在所选的两个点之间建立水平尺寸标注。

（3）"竖直"：选择该选项后，界面窗口下方出现捕捉点工具条，利用该工具条在视图中选择定义尺寸的参考点，选择好参考点后，将鼠标光标移动到合适位置，单击"确定"按钮，就可以在所选的两个点之间建立竖直尺寸标注。

（4）"点到点"：选择该选项后，选择视图中两个点，就可以建立点到点之间的距离。

（5）"垂直"：选择该选项后，首先选择一个线性的参考对象，线性参考对象可以是存在的直线、线性中心线、对称线或圆柱中心线。然后利用捕捉点工具条在视图中选择定义尺寸的参考点，将鼠标光标移动到合适位置，单击"确定"按钮，就可以建立尺寸标注。建立的尺寸为参考点和线性参考之间的垂直距离。

（6）"圆柱坐标系"：选择该选项后，在视图中选定义尺寸的点或线，将鼠标光标移动到合适位置，单击"确定"按钮，就可以得到前缀直径 ϕ 的圆柱尺寸。

（7）"斜角"：该选项用于标注两个不平行的线性对象间的角度尺寸。

（8）"径向"：该选项用于标注视图中的圆弧或圆。在视图中选取圆弧或圆后，系统自动建立半径尺寸，并且自动添加半径符号。

（9）"直径"：该选项用于标注视图中的圆弧或圆。在视图中选取圆弧或圆后，系统自动建立尺寸标注，并且自动添加直径符号，所建立的标注有两个方向相反的箭头。

三、符号标注

在工程图中除视图和尺寸标注外，还有其他一些标注符号，如中心线、粗糙度、形位公差、注释等与视图相关的内容需要进行标注。

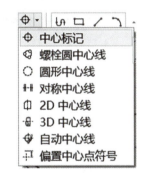

图 4-2-10　"中心线"下拉列表

1. 中心线

单击工具栏中的"中心"按钮，或执行"菜单"→"插入"→"中心线"命令，弹出如图 4-2-10 所示的"中心线"下拉列表。主要的标注命令如下：

（1）"中心标记"：可以创建通过点或圆弧圆心的中心线。

（2）"螺栓圆中心线"：创建通过点或圆弧的完整或不完整螺栓圆符号，创建时应注意按照逆时针方向选取通过点。

（3）"圆形中心线"：与"螺栓圆中心线"类似，创建中心线通过所选的点，但不会在所选点的位置产生指向创建圆弧圆心的中心线，创建时同样应注意按照逆时针方向选取通过点。

（4）"对称中心线"：用来指明几何体中的对称位置。

（5）"2D 中心线"：通过选择两条边、两条曲线或两个点来创建中心线。

（6）"3D 中心线"：通过选择回转面来创建中心线。

（7）"自动中心线"：自动判断圆孔、圆柱等制图对象，并生成对应的中心线。

2. 表面粗糙度符号

表面粗糙度是指零件表面具有较小间距的峰谷组成的微观几何形状特性。执行"菜单"→"插入"→"注释"→"表面粗糙度符号"命令，或单击"注释"工具栏"表面粗糙度符号"按钮，弹出如图 4-2-11 所示的"表面粗糙度"对话框。

"表面粗糙度"对话框中的常用选项说明如下：

（1）"原点"选项组：设置表面粗糙度的放置点、对齐方式和放置视图。

（2）"指引线"选项组：设置指引线的样式和指引点。

（3）"带折线创建"复选框：勾选则可创建折线指引线。

（4）"类型"选项组：定义指引线的类型。

（5）"设置"选项组：设置粗糙度符号的文本样式、旋转角度、圆括号位置及文本是否反转等参数。

1）"角度"：定义粗糙度符号的放置角度。

2）"圆括号"：通过下拉列表定义粗糙度符号是否包含圆括号，可以有四种不同的标注效果。

3）"反转文本"：设置粗糙度符号的文本是否翻转。

3. 形位公差与注释标注

形位公差的标注是指将几何、尺寸和公差符号组合在一起。用户可以执行"特征控制框"命令添加图纸中的形位公差标注，即执行"菜单"→"插入"→"注释"→"特征控制框"命令，或单击"制图注释"工具栏中的"特征控制框"按钮，弹出如图 4-2-12 所示的"特征控制框"对话框。在"框"选项组"特性"下拉列表中选择需要标注的形位公差，然后输入公差值即可。

图 4-2-11 "表面粗糙度"对话框

图 4-2-12 "特征控制框"对话框

自学自测

根据如图 4-2-13 所示的阶梯轴零件图完成该零件三维模型绘制，并生成二维工程图纸。

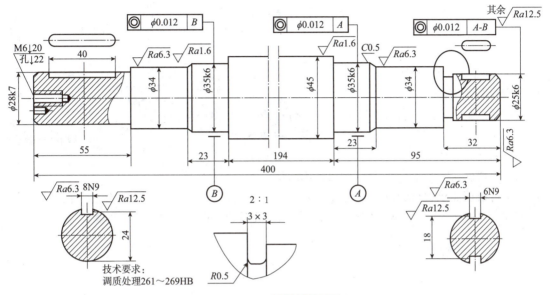

图 4-2-13　阶梯轴零件图纸

任务实施

虎钳工程图
设计

一、进入工程图环境，创建图纸页

1. 打开虎钳装配模型

启动 UG NX 10.0 软件，打开虎钳装配模型进入工程图环境。

2. 进入工程图环境

在"文件"菜单"启动"选项中选择"制图"，或单击"应用模块"工具栏"设计"面板中的"制图"按钮，也可以直接按［Ctrl+Shift+D］组合键，进入"制图"模块。

3. 创建图纸页

执行"菜单"→"插入"→"图纸页"命令，弹出"图纸页"对话框，"大小"选择"标准尺寸"中的"A3-297×420"，"比例"选择"1：1"，在"设置"选项组中"单位"选择"毫米"，"投影"选择"第一角投影"，单击"确定"按钮后即进入工程图环境。如果系统弹出"视图创建向导"对话框，单击"取消"按钮即可。

4. 首选项设置

执行"菜单"→"工具"→"制图标准"命令，弹出"加载制图标准"对话框。在"要加

261

载的标准"选项组中"标准"选择"GB",确定后完成制图标准的加载。

执行"菜单"→"首选项"→"制图"命令,弹出"制图首选项"对话框,如图4-2-14所示。

单击"公共"→"文字"按钮,在"文本参数"中选择"仿宋","高度"输入"3.5","宽高比"输入"0.7"。

单击"公共"→"直线/箭头"→"箭头"按钮,"第1侧指引线和尺寸"和"第2侧尺寸"的线宽均选择"0.25 mm"。

单击"公共"→"前缀/后缀"→"倒斜角尺寸"按钮,"位置"选择"C5×5之前","文本"输入大写字母"C"。

单击"视图"按钮,"可见线"可采用默认设

图4-2-14 "制图首选项"对话框

置,也可根据需求进行颜色、宽度的设置,"隐藏线"设置为"不可见","着色"设置为"线框模式","轴测图"设置为"完全着色"模式,"光顺边"设置为"不显示光顺边"。

二、创建视图

1.创建俯视图

(1)创建视图。在工具栏中单击"视图"→"基本视图"按钮,或执行"菜单"→"插入"→"视图"→"基本"命令,弹出"基本视图"对话框,在"模型视图"选项组单击"定向视图工具"按钮,弹出"定向视图工具"对话框,在"定向视图"对话框内选择如图4-2-15所示的法向矢量和X向矢量,单击"确定"按钮完成视图定向;或在"定向视图"对话框内旋转模型,调整至合适的视图方向,按[F8]键,完成视图定向。将定向完成的模型放置到图纸的合适位置,单击鼠标左键,完成俯视图创建并进行相关设置后单击"确定"按钮,在图形区选择放置点并单击鼠标左键,结果如图4-2-16所示。

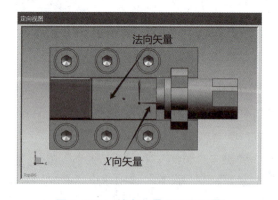

图4-2-15 法向矢量和X向矢量

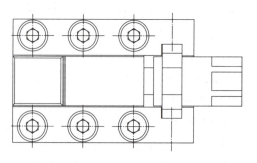

图4-2-16 俯视图结果

(2)调整视图。

1)添加中心线。在工具栏中单击"注释"→"2D中心线"按钮,或执行"菜单"→"插

入"→"中心线"→"2D 中心线"命令，弹出如图 4-2-17 所示的"2D 中心线"对话框，在"类型"下拉列表中选择"根据点"，依次选择该视图中心位置处两点，即可得到俯视图中心线。

2）平面符号绘制。将鼠标光标移动至视图的边界，使其处于预选状态，单击鼠标右键，在弹出的快捷菜单中选择"活动草图视图"命令，在"草图"面板中选择"直线"，完成如图 4-2-18 所示的平面符号绘制，在"草图"面板中单击"完成草图"按钮，退出草图绘制。

3）擦除螺钉孔轮廓线。将鼠标光标移动至视图的边界，使其处于预选状态，单击鼠标右键，在弹出的快捷菜单中选择"视图相关编辑"命令，弹出如图 4-2-19 所示的"视图相关编辑"对话框，单击"擦除对象"按钮，弹出如图 4-2-20 所示的"类选择"对话框，选择螺钉孔轮廓线，单击"确定"按钮完成线条擦除，擦除结果如图 4-2-21 所示。

图 4-2-17 "2D 中心线"对话框

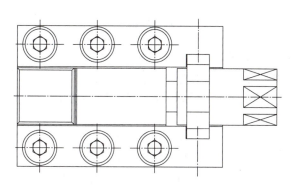

图 4-2-18 平面符号绘制

图 4-2-19 "视图相关编辑"
对话框

图 4-2-20 "类选择"
对话框

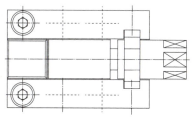

图 4-2-21 擦除结果

2. 创建全剖主视图

（1）创建视图。单击工具栏中"视图"→"剖视图"按钮，或执行"菜单"→"插入"→"视图"→"剖视图"命令，弹出"剖视图"对话框，在"截面线"选项组"方法"下拉列表中选择"简单剖 / 阶梯剖"，在"截面线段"选项组中"指定位置"选择键槽特征轮廓线中点，如图 4-2-22 所示，在正上方合适位置单击空白区域放置剖视图，得到如图 4-2-23 所示的剖视图。

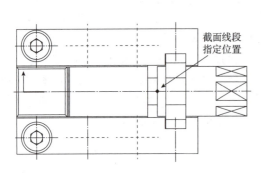

图 4-2-22　截面线段指定位置

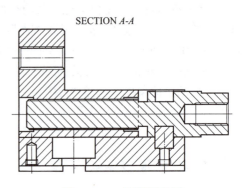

图 4-2-23　剖视图结果

（2）视图调整。螺杆不剖的处理步骤如下：选中螺杆的剖面线，单击鼠标右键，在弹出的快捷菜单中选择"隐藏"命令，将鼠标光标移动至视图的边界，使其处于预选状态，单击鼠标右键，在弹出的快捷菜单中选择"活动草图视图"选项；在"草图"面板中单击"直线"按钮，完成螺杆零部件轮廓线补齐。选择"艺术样条曲线"选项，绘制螺杆端部螺钉孔处的局部剖切范围，单击"完成草图"按钮，得到如图 4-2-24 所示的结果。

在"注释"面板中单击"剖面线"按钮，或执行"菜单"→"插入"→"注释"→"剖面线"命令，弹出"剖面线"对话框，在"设置"选项组"图样"下拉列表中选择"Iron/General Use"，"角度"设置为"45"，在"边界"选项组中"指定内部位置"选择局部剖视的内部位置，单击"确定"按钮即可完成本部分剖面线绘制，结果如图 4-2-25 所示。

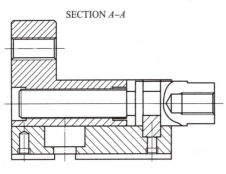

图 4-2-24　螺杆不剖处理

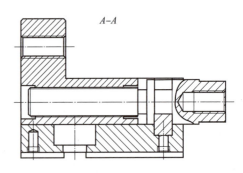

图 4-2-25　全剖主视图结果

3. 创建左视图

（1）创建投影视图。将鼠标光标移动至全剖主视图的边界，使其处于预选状态，在"视图"面板中单击"投影视图"按钮，水平向右拖动鼠标，确定投影方向，并选择合适的位置放置该投影视图，得到如图 4-2-26 所示的左视图。

（2）完成 M8×16 螺钉的局部剖视。将鼠标光标移动至该视图的边界，使其处于预选状态，单击鼠标右键，在弹出的快捷菜单中选择"活动草图视图"选项；在"草图"面板中单击"艺术样条"按钮，完成如图 4-2-27 所示的剖切区域绘制，单击"草图"面板中的"完成草图"按钮，退出草图绘制。

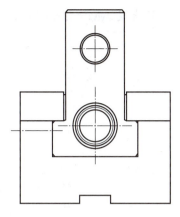
图 4-2-26　投影视图结果

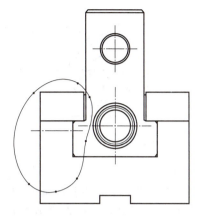
图 4-2-27　剖切区域绘制

在"视图"面板中单击"局部剖视图"按钮，或执行"菜单"→"插入"→"视图"→"局部剖"命令，弹出如图 4-2-28 所示的"局部剖"对话框，选择要剖切的左视图后，弹出如图 4-2-29 所示的"局部剖"对话框，在该对话框中单击"指出基点"按钮后选择俯视图，以图 4-2-30 所示的螺钉的中心位置作为剖切的基点，弹出如图 4-2-31 所示的"局部剖"对话框，完成剖切矢量选择，本案例矢量方向为水平向左，如图 4-2-32 所示，如果与目标方向相反，可以根据需要选择"局部剖"对话框上的"矢量反向"命令。矢量方向确定后，在如图 4-2-33 所示的"局部剖"对话框中单击"选择曲线"按钮，选择绘制的艺术样条曲线，得到如图 4-2-34 所示的局部剖视图结果。

图 4-2-28　"局部剖"对话框（一）

图 4-2-29　"局部剖"对话框（二）

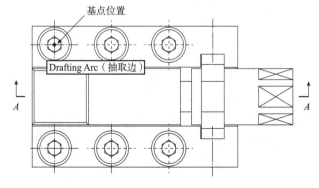
图 4-2-30　剖切基点选择

图 4-2-31　"局部剖"对话框（三）

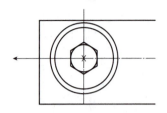

图 4-2-32　矢量方向

图 4-2-33　曲线选择

（3）完成 M6×12 螺钉的局部剖视。将鼠标光标移动至该视图的边界，使其处于预选状态，单击鼠标右键，在弹出的快捷菜单中选择"激活草图"命令；在"草图"面板中单击"艺术样条"按钮，完成如图 4-2-35 所示的剖切区域绘制，在"草图"面板中单击"完成草图"按钮，退出草图绘制。

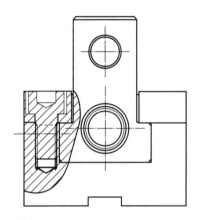

图 4-2-34　局部剖视图结果（一）

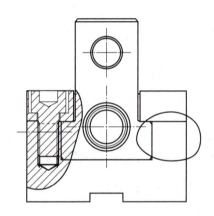

图 4-2-35　样条曲线绘制

在"视图"面板中单击"局部剖视图"按钮，或执行"菜单"→"插入"→"视图"→"局部剖"命令，弹出"局部剖"对话框，选择要剖切的左视图后，单击"指出基点"按钮，在俯视图上选择如图 4-2-36 所示位置作为剖切的基点位置，确定矢量方向为水平向左后，单击"选择曲线"按钮，选择绘制的艺术样条曲线，得到如图 4-2-37 所示的局部剖视图结果。

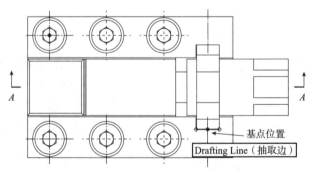

图 4-2-36　基点位置

（4）修改两处局部剖视图。

1）"隐藏剖面线"。选中螺钉的剖面线，单击鼠标右键，隐藏螺钉处剖面线，擦除多余线条：将鼠标光标移动至该视图的边界，使其处于预选状态，单击鼠标右键，在弹出的快捷菜单中选择"视图相关编辑"选项后，弹出"视图相关编辑"对话框，在"添加编辑"中单击"擦除对象"按钮，弹出"类选择"对话框，选择如图4-2-38所示螺钉顶部的内六角孔曲线，单击"确定"按钮完成线条擦除。

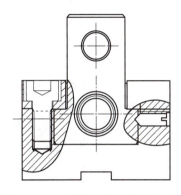

图4-2-37　局部剖视图结果（二）

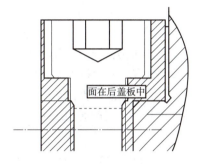

图4-2-38　擦除线条

2）补齐缺失线条。将鼠标光标移动至该视图的边界，使其处于预选状态，单击鼠标右键，在弹出的快捷菜单中选择"激活草图"选项；在"草图"面板中单击"直线"按钮，完成缺失线条补齐，单击"草图"面板中"完成草图"按钮，退出草图绘制。

三、创建注释

1. 尺寸标注

装配体需要进行总体尺寸、主要定位尺寸、配合尺寸的标注，一般尺寸标注同草图模块，本部分内容不再赘述。

范围尺寸标注即完成虎钳夹持范围尺寸"114～144"的标注，如图4-2-39所示。利用"快速尺寸"命令完成该位置正常标注，选中该尺寸，单击鼠标右键，在弹出的快捷菜单中选择"设置"选项，弹出如图4-2-40所示的"设置"对话框，单击"文本"→"格式"按钮，在"格式"选项组中勾选"替代尺寸文本"复选框，弹出如图4-2-41所示的"尺寸值关联"对话框，单击"确定"按钮，返回到"设置"对话框，单击"设置"按钮，弹出如图4-2-42所示的"文本"对话框，"文本输入"输入框中输入"114～144"即可完成夹持范围尺寸标注。

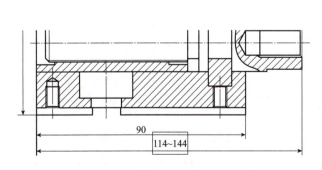

图4-2-39　范围尺寸"114～144"

图4-2-40　"设置"对话框

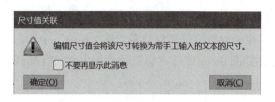

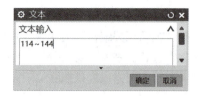

图 4-2-41 "尺寸值关联"对话框　　　　图 4-2-42 "文本"对话框

2.调用技术要求

在工具栏中单击"制图工具 –GC 工具箱"→"技术要求"按钮，或执行"菜单"→"GC 工具箱"→"注释"→"技术要求"命令，弹出"技术要求"对话框，"Specify Position"选择技术要求要放置的起点位置，"Specify End Point"选择技术要求放置的终点位置，在"技术要求"对话框中选择"装配通用技术要求"，根据需要选择正确的技术要求，在"设置"选项组中设置"字体设置"为"仿宋"，单击"确定"按钮后即可完成技术要求调用。双击已经调用的技术要求，可以进行技术要求的设置与更改。

四、标题栏及明细表创建

1.调用标题栏模板

在工具栏中单击"制图工具 –GC 工具箱"→"替换模板"按钮，或执行"菜单"→"GC 工具箱"→"制图工具"→"替换模板"命令，弹出"工程图模板替换"对话框，在"选择替换模板"中选择"A3–"，单击"确定"按钮后即可导出软件自带图框和标题栏。

此时的标题栏是无法进行编辑的，执行"菜单"→"格式"→"图层设置"命令，或按〔Ctrl+L〕键，弹出"图层设置"对话框，在该对话框中取消勾选"170"图层和"173"图层的"仅可见"复选框，勾选这两个图层的"工作"复选框，单击"关闭"按钮后即可对标题栏进行编辑。

2.创建明细表

（1）完成组件和零件属性赋予。在虎钳装配导航器中的空白区域单击鼠标右键，在弹出的快捷菜单中选择"属性"选项，弹出"装配导航器属性"对话框，在"列"选项卡中选择"信息"，在"属性"下拉列表中输入"名称"后单击旁边的"创建"按钮，以同样的方法依次创建"代号""材料"和"备注"，单击"确定"按钮后在装配导航器中即有名称、材料和备注列。

在装配导航器中选择"基体"零件，单击鼠标右键，在弹出的快捷菜单中选择"设为显示部件"命令，进入"基体"零件页面；在装配导航器中选择"基体"零件，单击鼠标右键，在弹出的快捷菜单中选择"属性"命令，弹出如图 4-2-43 所示的"显示部件属性"对话框，"标题 / 别名"输入"名称"，"值"输入"基体"，以同样的方法完成本零件及其余零部件的属性赋予，完成后装配导航器得到如图 4-2-44 所示的结果。

（2）创建零件明细表。在工具栏中单击"表"→"零件明细表"按钮，或执行"菜单"→"插入"→"表格"→"零件明细表"命令，在绘图区空白处单击放置位置，得到系统默认的明细表，如图 4-2-45 所示。

调整明细表的大小，将鼠标光标移动到系统默认零件明细表的第一个"PC NO"单元格，使其处于点亮的预选状态，单击鼠标右键，在弹出的快捷菜单中选择"选择"→"列"命令，再次单击鼠标右键，在弹出的快捷菜单中选择"调整大小"命令，输入"15"。以同样的方法，调整第二列宽为"45"，选中零件明细表的第二单元格，单击鼠标右键，在弹出的快捷菜单中选择"选择"→"列"命令，再次单击鼠标右键，在弹出的快捷菜单中选择"插入"→"在右侧插入列"命令即可增加新的一列。用同样的方法设置新增的一列列宽为"45"，第四列列宽为"15"，以同样的方法再新增两列，列宽均为"30"，并设置行高为"10"，得到如图4-2-46所示的明细表。

图 4-2-43　"显示部件属性"对话框

装配导航器						
描述性部件名 ▲	信息	代号	名称	材料	备注	只读
截面						
虎钳（顺序：时间…）						▣
约束						
基体		01-01	基体	40Cr		▣
后盖板		01-02	后盖板	40Cr		□
前盖板		01-03	前盖板	40Cr		□
垫铁		01-04	垫铁	T8A		□
螺钉M8X16 x 6		GB/T70.1…	螺钉	A3	外购	▣
卡爪		01-05	卡爪	40Cr		□
螺杆		01-06	螺杆	40Cr		□
螺钉M6X12 x 2		GB/T 71-…	螺钉	A3	外购	□

图 4-2-44　组件属性赋予结果

图 4-2-45　系统默认明细表

图 4-2-46　调整尺寸后的明细表

双击单元格，更改单元格内文本内容，得到如图4-2-47所示的明细表。

序号	代号	名称	数量	材料	备注

图 4-2-47　明细表第一行结果

（3）零件明细表属性关联。将鼠标光标移动到系统默认零件明细表的第二个"代号"单元格，使其处于点亮的预选状态，单击鼠标右键，在弹出的快捷菜单中选择"选择"→"列"命令，再次单击鼠标右键，在弹出的快捷菜单中选择"设置"选项，弹出"设置"对话框，单击"列"按钮，在"内容"选项组中单击"属性名称"后的"选择"按钮，弹出"属性名称"对话框，选择"代号"后单击"确定"按钮。用同样的方法完成"名称""材料""备注"列的属性关联。

此时的明细表只有一行，需要编辑明细表的级别才能显示所有行，将鼠标光标移动到明细表左上角点，使整个表格处于预选状态后，单击鼠标右键，在弹出的快捷菜单中选择"编辑级别"选项，弹出"编辑级别"对话框，在该对话框中选择"主模型"后单击对号确定按钮，即可自动生成如图4-2-48所示的明细表。若明细表大小不规整，可以选中整个表格，单击鼠标右键，在弹出的快捷菜单中选择"设置"选项，即可在"设置"对话框中，设置"文字"字体为"仿宋"，"高度"为"3.5"，在"单元格"选项组中"文本对齐"选择"中心"，"边界"颜色选择"黑色"。

8	GB/T 71—2018 M6×12	螺钉	2	A3	外购
7	01-06	螺杆	1	40Cr	
6	01-05	卡爪	1	40Cr	
5	GB/T 70.1—2008 M8×16	螺钉	6	A3	外购
4	01-04	垫铁	1	T8A	
3	01-03	前盖板	1	40Cr	
2	01-02	后盖板	1	40Cr	
1	01-01	基体	1	40Cr	
序号	代号	名称	数量	材料	备注

图 4-2-48　自动生成的明细表

（4）对齐明细表。将鼠标光标移动至明细表左上角，使其处于预选状态，单击鼠标右键，在弹出的快捷菜单中选择"设置"选项，弹出"设置"对话框，单击"公共"→"表区域"按钮，在"格式"选项组"对齐位置"下拉列表中选择"右下"，即以明细表右下角点为基点进行对齐。

　　执行"菜单"→"编辑"→"注释"→"原点"命令，或将鼠标光标移动到明细表左上角点，使整个明细表处于预选状态，单击鼠标右键，在弹出的快捷菜单中选择"原点"选项，弹出"原点工具"对话框，单击"点构造器"按钮后，弹出"点"对话框，在"偏置"选项组中"偏置选项"选择"矩形"，"X增量"输入"415"（即图纸长度 420 mm－单边边框 5 mm），"Y增量"输入"55"（即单边边框 5 mm+ 标题栏高度 50 mm），在"点"对话框单击"确定"按钮，在"原点工具"对话框中单击"应用"按钮，即可完成明细表对齐。

（5）创建零件序号。单击"表"→"自动符号标注"按钮，或执行"菜单"→"插入"→"表格"→"自动符号标注"命令，弹出"零件明细表自动符号标注"对话框 [图 4-2-49（a）]，"对象"选择零件"明细表"后弹出"零件明细表自动符号标注"对话框 [图 4-2-49（b）]，选择主视图和左视图，单击"确定"按钮即可生成零件序号。

（a）　　　　　　　　　　（b）

图 4-2-49　"零件明细表自动符号标注"对话框

　　零件序号格式修改：自动生成的零件序号是圆形球标，想要更改成下划线格式，可双击明细表，弹出如图 4-2-50 所示的"设置"对话框，单击"零件明细表"，在"标注"选项组"符号"下拉列表中选择"下划线"即可。

（6）零件序号排序。在功能区单击"制图工具 -GC 工具箱"→"装配序号排序"按钮，或执行"菜单"→"GC 工具箱"→"制图工具"→"装配序号排序"命令，弹出"装配序号排序"对话框，"初始装配序号"选择主视图基体的零件序号，单击"确定"按钮即可完成零件序号排序。

　　至此本任务全部完成，任务结果如图 4-2-51 所示。

图 4-2-50　"设置"对话框

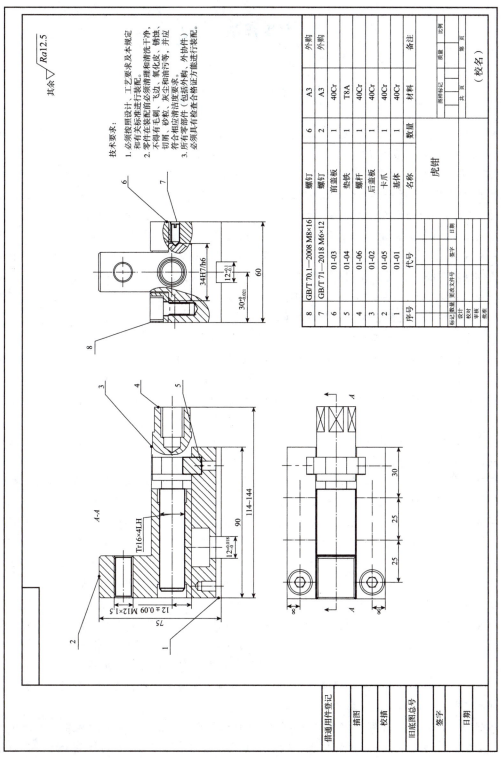

技术要求：

1. 必须按照设计、工艺要求及本规定和有关标准进行装配。
2. 零件在装配前必须清理和清洗干净，不得有毛刺、飞边、氧化皮、锈蚀、切屑、砂粒、灰尘和油污等，并应符合相应清洁度要求。
3. 所有零部件（包括外购、外协件）必须具有合格证方能进行装配。

其余 $\sqrt{Ra12.5}$

8		GB/T 70.1—2008 M8×16	螺钉	6	A3			外购
7		GB/T 71—2018 M6×12	螺钉	2	A3			外购
6	01-03		前盖板	1	40Cr			
5	01-04		垫铁	1	T8A			
4	01-06		螺杆	1	40Cr			
3	01-02		后盖板	1	40Cr			
2	01-05		卡爪	1	40Cr			
1	01-01		基体	1	40Cr			
序号	代号		名称	数量	材料			备注

标记	数量	更改文件号	签字	日期		虎钳		图样标记		质量	比例
设计											
校对								共 页	第 页		
审核											
批准								（校名）			

借（通）用件登记	
描图	
校描	
旧底图总号	
签字	
日期	

A-A

Tr16×4LH

M12×1.5

$12±0.09$

75

90

114~144

$12^{+0.018}_{0}$

A

30

25

25

8

8

34H7/h6

$12^{+0.1}_{-0.1}$

60

$30^{0}_{-0.021}$

图 4-2-51 虎钳工程图

大国工匠——艾爱国

黑色的皮鞋，蓝灰的工作服，再配上一把焊接枪，72 岁的艾爱国在焊工车间一线一干就是 50 多年，攻克技术难关 400 多个，是我国焊接领域的领军人才。

2021 年 6 月 29 日上午，庆祝中国共产党成立 100 周年"七一勋章"颁授仪式举行。在全国人民的见证下，习近平总书记向艾爱国颁发"七一勋章"。回想起当时的情景，艾爱国仍难掩激动，"获得'七一勋章'是我最大的光荣，也是千千万万工人党员的光荣"。

1968 年，18 岁的艾爱国在湖南攸县黄丰桥公社插队当知青，要干不少体力活。但他踏实肯干：别人扛 50 kg，艾爱国偏要多一些；人家干 8 h，他就要干 10 h。一年后，湘钢（湖南华菱湘潭钢铁有限公司，简称湘钢）招聘工人，当地知青、农民、干部写了一封联名信推荐艾爱国，他成了一名工人。得知儿子要去湘钢，父亲语重心长地叮嘱："当工人就一定要当个好工人，既要钻研技术，也要追求思想上的进步，争取早日入党。"

什么是好工人？初入工厂的艾爱国很快找到了榜样。刚进厂时，艾爱国的岗位是管道工。某次施工时，北京第二建筑工程公司派来焊工支援湘钢，他们身背氧气瓶、手拿焊枪、头戴面罩，如同裁缝一般将钢管裂缝"缝合"起来，手被四溅的火星烫出血泡也不在乎。

水平高、肯吃苦，值得学习！艾爱国从此对焊接产生了浓厚兴趣，开始跟着北京师傅学习焊接技术。

上班时，北京师傅教他几招；下班后，艾爱国借来工具，反复琢磨。半年后，艾爱国成功转岗成为一名焊工。

焊接是个技术活。为了摸到窍门，艾爱国无数次拿起焊枪，对着接缝反复琢磨。他没有面罩，便拿一块黑玻璃代替，纵使皮肤被灼烧蜕皮，也舍不得放下手中的焊接枪。焊接材料上万种，焊接方法不下百种，不能光凭蛮劲。他捧起了专业技术书籍，除学习《焊接工艺学》《焊接技术》等，就连焊条说明书他都会收起来研究。翻开艾爱国当年的工作日志，扉页写下的"刻苦学习钻研，攻克难关，攀登技术高峰"令人印象深刻。凭借着努力和积累，艾爱国在 1982 年以优异成绩考取了气焊合格证、电焊合格证，成为当时湘潭市唯一持有双证的焊接工人。

在焊接过程中，工人要直面高温带来的不适与恐惧，单凭技术熟练还不够。紫铜属性特殊，即使焊接一个部位，也要将整个铜器加热到七八百摄氏度。"焊紫铜的时候，手会因为高温出现一片片的红色水泡。面对这样的情况，人的本能是逃避，而师傅却迎难而上。"艾爱国的徒弟、湘钢焊接首席技师欧勇感慨道，"师傅时常教导我们，新材料层出不穷，新技术日新月异，当一名好焊工，不但要吃得苦、霸得蛮、耐得烦，还要多看书，学会分析问题、解决问题、制定工艺，要活到老、学到老。"

1983 年，原冶金工业部组织全国多家钢铁企业联合研制新型贯流式高炉风口。如何将风口的锻造紫铜与铸造紫铜牢固地焊接在一起，是项目最为棘手的问题。当时还是普通焊工的艾爱国主动请缨，并提出采用当时国内尚未普及的氩弧焊工艺。他大胆创新，把交流氩弧焊机改造成直流焊机。寒冬腊月，他用湿棉被挡住身体，用石棉绳缠包住焊枪，在 700 ℃ 以上的高温材料旁持续奋战，经过艰苦试验，终于获得成功。该技术也获得国家科技进步奖二等奖。

"当一名好工人，成为一名好工匠，就要善于从实践中提炼经验，从理论上搞清楚门道，我的制胜法宝就是不瞎干。"艾爱国说，试验成功后，他总结经验撰写论文《钨极手工氩弧紫铜风口的焊接工艺》，又在此基础上总结出《紫铜氩弧焊接操作法》。2002年，艾爱国再次改进风口焊接工艺，用自动熔化极氩弧焊取代手工氩弧焊，焊接质量更有保障，大大提高了工效的同时，减轻了工人的劳动强度。

2021年3月，湘钢在焦化厂的化产改造工程中，蒸氨塔钛合金管道安装遇到钛合金焊接难题，这是湘钢建厂以来从未遇到过的情况。艾爱国广泛搜集国内外有关钛合金的焊接案例，撰写焊接工艺方案，又参考自己曾经修复焊接钛合金管的经验，焊接当天，艾爱国连续工作至深夜，直到焊接任务顺利完成，焊缝外观达到一级标准，焊缝探伤检验全部合格。该技术填补了湘钢在钛合金材料焊接领域的空白。

2022年艾爱国和团队成员经过四轮焊接试验，共同攻关了中海油流花油田项目中新一代深水导管架用420兆帕级别轻量化高强海工钢的焊接问题，制定出符合要求的焊接工艺。可没想到，项目现场环境复杂，对钢板的焊接提出了新要求。得知这一情况后，艾爱国第一时间赶往现场，在距离地面1m多高的钢板加工平台上，一待就是一下午，成功解决导管架用420兆帕级别轻量化高强海工钢的焊接问题，并在现场帮助施工方解决了其他焊接问题。"'艾劳模'只要听说有焊接难题需要解决，他就干劲十足，忘了年龄、忘了时间。"湘钢技术质量部海洋工程用钢研发工程师脱臣德回忆起当时的情景感慨道。

"艾劳模"是同事们对他的尊称，更是艾爱国职业生涯的真实写照。从1985年艾爱国第一次获评湘潭市劳动模范至今，他已先后12次获得湘钢劳动模范，2次获得"全国劳动模范"称号。50多年来，艾爱国凭借高超技能，为冶金、矿山、机械、电力等行业攻克技术难题400多个，改进工艺120多项，获得"七一勋章""全国劳模""全国技术能手""国家科技进步奖"等荣誉。提及这些荣誉，艾爱国微微一笑："作为一名共产党员，我要做的更多。"

任务单

虎钳工程图设计工作单

计划单

学习情境四	工程图设计		任务二	虎钳工程图设计
工作方式	组内讨论、团结协作，共同制订计划；小组成员进行工作讨论，确定工作步骤		计划学时	0.5学时
完成人	1. 　　　　　　　　2.		3. 　　　　　　　4. 　　　　　　　　5.	6.
计划依据：虎钳结构特点、国家制图标准				
序号	计划步骤		具体工作内容描述	
1	准备工作 （准备软件、图纸、工具、量具，谁去做？）			

序号	计划步骤	具体工作内容描述
2	组织分工 （成立组织，人员具体都完成什么？）	
3	制订工程图表达方案 （采用几个视图？选择哪些表达方法？采用什么标注策略？）	
4	虎钳工程图设计 （设计前准备什么？使用哪些命令？设计参数如何输入？如何完成设计？设计过程中发现哪些问题？如何解决？）	
5	整理资料 （谁负责？整理什么？）	
制订计划说明	（写出组内成员在完成任务方面的主要建议或可以借鉴的建议、需要解释的某一方面）	

决策单

学习情境四	工程图设计	任务二	虎钳工程图设计
决策学时		0.5 学时	

决策目的：虎钳工程图设计方案对比分析，视图选择、表达方式、尺寸标注等

	方案组员	设计的可行性 （视图选择）	设计的合理性 （表达方式）	设计的经济性 （尺寸标注）	综合评价
设计方案对比	1				
	2				
	3				
	4				
	5				
	6				
决策评价	结果：（根据组内成员设计方案对比分析，对自己的设计方案进行修改并说明修改原因，最后确定一个最佳方案）				

检查单

学习情境四	工程图设计		任务二	虎钳工程图设计
	评价学时		课内 0.5 学时	第　组
检查目的及方式	教师监控小组的工作情况，如果检查等级为不合格，则小组需要整改，并拿出整改说明			

序号	检查项目	检查标准	检查结果分级 （在检查相应的分级框内划"√"）				
			优秀	良好	中等	合格	不合格
1	准备工作	资源是否已查到，材料是否准备完整					
2	分工情况	安排是否合理、全面，分工是否明确					
3	工作态度	小组工作是否积极主动、全员参与					
4	纪律出勤	是否按时完成负责的工作内容、遵守工作纪律					
5	团队合作	是否相互协作、互相帮助，成员是否听从指挥					
6	创新意识	任务完成不照搬照抄，看问题具有独到见解、创新思维					
7	完成效率	工作单是否记录完整，是否按照计划完成任务					
8	完成质量	工作单填写是否准确，设计过程、尺寸公差是否达标					
检查评语						教师签字：	

任务评价

小组工作评价单

学习情境四	工程图设计	任务二	虎钳工程图设计
评价学时		课内 0.5 学时	
班级：		第　组	

考核情境	考核内容及要求	分值（100）	小组自评（10%）	小组互评（20%）	教师评价（70%）	实得分（∑）
汇报展示（20）	演讲资源利用	5				
	演讲表达和非语言技巧应用	5				
	团队成员补充配合程度	5				
	时间与完整性	5				
质量评价（40）	工作完整性	10				
	工作质量	5				
	报告完整性	25				
团队情感（25）	社会主义核心价值观	5				
	创新性	5				
	参与率	5				
	合作性	5				
	劳动态度	5				
安全文明（10）	工作过程中的安全保障情况	5				
	工具正确使用和保养、放置规范	5				
工作效率（5）	能够在要求的时间内完成，每超时 5 分钟扣 1 分	5				

小组成员素质评价单

学习情境四		工程图设计	任务二		虎钳工程图设计	
班级		第　组	成员姓名			
评分说明		每个小组成员评价分为自评和小组其他成员评价两部分，取平均值计算，作为该小组成员的任务评价个人分数。评价项目共设计 5 个，依据评分标准给予合理量化打分。小组成员自评分后，要找小组其他成员以不记名方式打分				
评分项目	评分标准	自评分	成员1评分	成员2评分	成员3评分	成员4评分	成员5评分
---	---	---	---	---	---	---	---
核心价值（20分）	是否有违背社会主义核心价值观的思想及行动						
工作态度（20分）	是否按时完成负责的工作内容、遵守纪律，是否积极主动参与小组工作，是否全过程参与，是否吃苦耐劳，是否具有工匠精神						
交流沟通（20分）	是否能良好地表达自己的观点，是否能倾听他人的观点						
团队合作（20分）	是否与小组成员合作完成任务，做到相互协作、互相帮助、听从指挥						
创新意识（20分）	看问题是否能独立思考，提出独到见解，是否能够用创新思维解决遇到的问题						
小组成员最终得分							

课后反思

学习情境四	工程图设计	任务二	虎钳工程图设计
班级	第　组	成员姓名	

情感反思	通过对本任务的学习和实训，你认为自己在社会主义核心价值观、职业素养、学习和工作态度等方面有哪些需要提高的部分？
知识反思	通过对本任务的学习，你掌握了哪些知识点？请画出思维导图。
技能反思	在完成本任务的学习和实训过程中，你主要掌握了哪些技能？
方法反思	在完成本任务的学习和实训过程中，你主要掌握了哪些分析和解决问题的方法？

拓展训练

完成如图 4-2-52 所示的齿轮建模及工程图设计。

模数	m	2.00
齿数	z	55
压力角	α	20°
精度等级		7FL

共余 $\sqrt{Ra6.3}$

$35.8^{+0.014}_{0}$

$10^{+0.025}_{0}$

$\phi110$

$\boxed{\nearrow | 0.017 | A}$

$\sqrt{Ra1.6}$

$\phi32^{+0.023}_{0}$

A

$2\times45°$

26

$\phi105$

$\phi114$

$\sqrt{Ra6.3}$

$\sqrt{Ra3.2}$

技术要求:
调质处理,齿面硬度220~250 HB

齿轮			比例	1:1		01
			件数			
			质量			共 张 第 张
制图	(学号)					
描图	(日期)				(校名)	
审核	(日期)					

图 4-2-52 齿轮零件图

一、齿轮建模

启动 UG NX 10.0 软件，新建齿轮模型。

在工具栏中单击"齿轮建模 –GC 工具箱"→"柱齿轮建模"按钮，或执行"菜单"→"GC 工具箱"→"齿轮建模"→"柱齿轮"命令，弹出如图 4-2-53 所示的"渐开线圆柱齿轮建模"对话框，选择"创建齿轮"，单击"确定"按钮，弹出如图 4-2-54 所示的"渐开线圆柱齿轮类型"对话框，选择"直齿轮""外啮合齿轮""滚齿"后，单击"确定"按钮，弹出如图 4-2-55 所示的"渐开线圆柱齿轮参数"对话框，"名称"输入"gear1"，"模数（毫米）"输入"2.000 0"，"牙数"输入"55"，"齿宽（毫米）"输入"26.000 0"，"压力角（度数）"输入"20.000 0"，单击"确定"按钮，弹出如图 4-2-56 所示的"矢量"对话框，在绘图区任意选择一坐标轴作为矢量方向，弹出如图 4-2-57 所示的"点"对话框，默认选择，单击"确定"按钮即可得到如图 4-2-58 所示的齿轮结果。

图 4-2-53 "渐开线圆柱齿轮建模"对话框

图 4-2-54 "渐开线圆柱齿轮类型"对话框

图 4-2-55 "渐开线圆柱齿轮参数"对话框

图 4-2-56 "矢量"对话框

图 4-2-57 "点"对话框

图 4-2-58 齿轮结果

利用实体建模特征完成齿轮其他特征建模，本部分不再赘述。齿轮建模结果如图 4-2-59 所示。

二、创建齿轮工程图

1. 创建图纸页和预设置

在"文件"菜单"启动"选项中选择"制图"，或在工具栏单击"应用模块"→"设计"→"制图"按钮，也可以按［Ctrl+Shift+D］组合键，进入"制图"模块。

图 4-2-59 齿轮建模结果

单击"新建图纸页"按钮，弹出"新建图纸页"对话框，在"大小"选项组中"标准尺寸"选择"A4-210×297"，"比例"选择"1∶1"，在"设置"选项组中"单位"选择"毫米"，"投影"选择"第一角投影"，单击"确定"按钮后即进入工程图环境。

执行"菜单"→"工具"→"制图标准"命令，系统弹出"加载制图标准"对话框。在"要加载的标准"选项组中"标准"选择"GB"，单击"确定"按钮后完成制图标准的加载。

执行"菜单"→"首选项"→"制图"命令，系统弹出"制图首选项"对话框。此处不再赘述相关设置。

2. 创建左视图

在工具栏中单击"视图"→"基本视图"按钮，或执行"菜单"→"插入"→"视图"→"基本"命令，弹出"基本视图"对话框，在"模型视图"选项组中单击"定向视图工具"按钮，弹出"定向视图工具"对话框，在"定向视图"对话框内选择如图 4-2-60 所示的法向矢量和 X 向矢量，单击"确定"按钮完成视图定向。或在"定向视图"对话框内旋转模型，调整至合适的视图方向，按［F8］键，完成视图定向。将定向好的模型放置到图纸的合适位置，单击鼠标左键，完成俯视图创建并进行相关设置后单击"确定"按钮，在图形区选择放置点并单击鼠标左键，结果如图 4-2-61 所示。

图 4-2-60 法向矢量和 X 向矢量

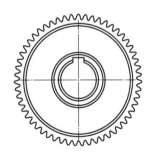

图 4-2-61 俯视图结果

3. 创建全剖主视图

执行"菜单"→"插入"→"视图"→"剖视图"命令，或在"视图"面板中单击"剖视图"按钮，也可以选择左视图后单击鼠标右键，在弹出的快捷菜单中选择"添加剖视图"选项，弹出"剖视图"对话框。在"截面线"选项组中"定义"选择"动态"，"方法"选择"简

单剖 / 阶梯剖"，在"铰链线"选项组中"矢量选项"选择"自动判断"，在"截面线段"选项组中"指定位置"选择左视图齿轮圆心位置，按照投影方向向左拖动鼠标光标，得到如图 4-2-62 所示的全剖视图结果。

4. 齿轮的简化和参数

（1）齿轮简化表示。在工具栏中单击"制图工具 -GC 工具箱"→"齿轮简化"按钮，或执行"菜单"→"GC 工具箱"→"齿轮"→"齿轮简化"命令，弹出如图 4-2-63 所示的"齿轮简化"对话框，在"设置"选项组中"选择视图"选择刚刚创建的两个齿轮视图，点选"gear1"，单击"确定"按钮后得到如图 4-2-64 所示的齿轮简化视图结果。

（2）齿轮参数创建。在功能区单击"制图工具 -GC 工具箱"→"齿轮参数"按钮，或执行"菜单"→"GC 工具箱"→"齿轮"→"齿轮参数"命令，弹出如图 4-2-65 所示的"齿轮参数"对话框，

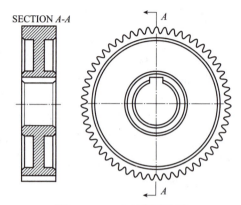

图 4-2-62　全剖视图结果

"模板"选择"指定点"，在绘图区的空白位置任选一点，单击"确定"按钮后得到如图 4-2-66 所示的齿轮参数表。

图 4-2-63　"齿轮简化"对话框

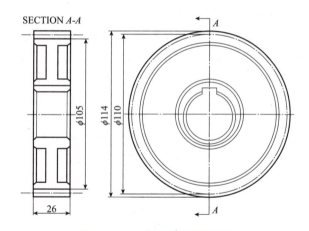

图 4-2-64　齿轮简化视图结果

选择齿轮参数表"变位系数""分度圆直径"等不需要的单元格，单击鼠标右键，在弹出的快捷菜单中执行"选择"→"行"命令，再次单击鼠标右键，在弹出的快捷菜单中选择"删除"选项，完成多余行的删除。结果如图 4-2-67 所示。

5. 齿轮剖面线填充

单击"注释"工具栏中的"剖面线"按钮，弹出如图 4-2-68 所示的"剖面线"对话框，在"设置"选择组中"图样"选择"Iron/General Use"，"距离"输入"2.000 0"，"角度"输入"45.000 0"，"宽度"选择"0.13 mm"，在"要搜索的区域"选项组中"指定内部位置"依次选择主视图齿轮腹板内部的点，单击"确定"按钮后即可完成如图 4-2-69 所示的剖面线填充。

其余关于尺寸标注、图框和标题栏的创建，本部分内容不再赘述，结果如图 4-2-70 所示。

图 4-2-65 "齿轮参数"对话框

齿轮参数			
模数	m		2.00
齿数	z		55
压力角	α		20°
变位系数	x		0.25
分数圆直径	d		110.00
齿顶高系数	h_a^*		—
顶隙系数	c^*		1.00
齿顶高	h_a		2.00
齿全高	h		4.50
精度等级			7FL
分度圆齿厚	S		
孔中心距	a		
孔中心极限偏差	F_a		
公法线长度	W_k		
齿向公差	F_β		
接触点		按齿长方向	
		按齿高方向	
配对齿轮		图号	
		参数	

模数	m	2.00
齿数	z	55
压力角	α	20°
精度等级		7FL

图 4-2-67 齿轮参数表

图 4-2-66 齿轮参数表

图 4-2-68 "剖面线"对话框

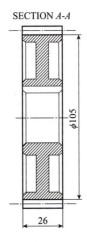

图 4-2-69 齿轮剖面线填充结果

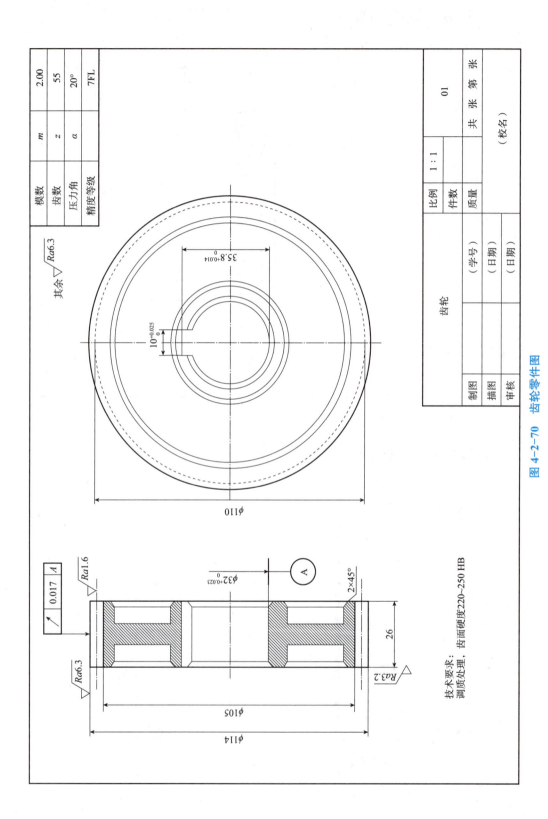

模数	m	2.00
齿数	z	55
压力角	α	20°
精度等级		7FL

其余 $\sqrt{Ra6.3}$

$35.8^{+0.014}_{0}$

$10^{+0.025}_{0}$

$\phi110$

$\boxed{\nearrow\ |\ 0.017\ |\ A}$

$\sqrt{Ra1.6}$

$\phi32^{+0.023}_{0}$

$2×45°$

$\sqrt{Ra6.3}$ $\sqrt{Ra3.2}$

26

$\phi105$

$\phi114$

技术要求：
调质处理，齿面硬度220~250 HB

齿轮		比例	1:1			01
		件数				
		质量				
制图		（学号）		共 张 第 张		
描图		（日期）		（校名）		
审核		（日期）				

图 4-2-70　齿轮零件图

根据如图 4-2-71 所示的零件图完成该零件三维模型绘制，并生成二维工程图纸。

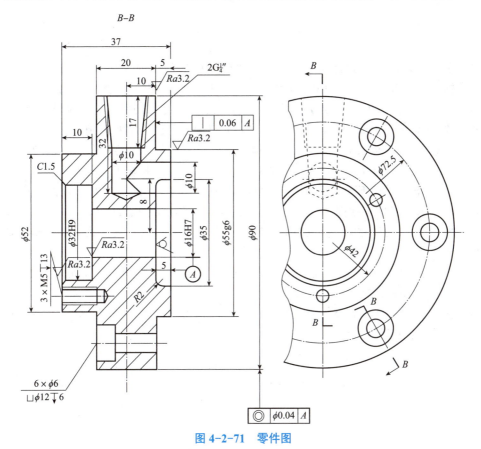

图 4-2-71　零件图

参 考 文 献

［1］张士军，韩学军. UG 设计与加工［M］. 北京：机械工业出版社，2022.

［2］王尚林. UG NX 6.0 三维建模实例教程［M］. 北京：中国电力出版社，2010.

［3］石皋莲，吴少华. UG NX CAD 应用案例教程［M］. 2 版. 北京：机械工业出版社，2022.

［4］杨德辉. UG NX 6.0 实用教程［M］. 北京：北京理工大学出版社，2011.

［5］黎震，刘磊. UG NX 6.0 应用与实例教程［M］. 北京：北京理工大学出版社，2009.

［6］袁锋. UG 机械设计工程范例教程（基础篇）［M］. 北京：机械工业出版社，2009.

［7］袁锋. UG 机械设计工程范例教程（高级篇）［M］. 北京：机械工业出版社，2009.

［8］赵松涛. UG NX 实训教程［M］. 北京：北京理工大学出版社，2008.

［9］郑贞平，曹成，张小红，等. UG NX 5（中文版）基础教程［M］. 北京：机械工业出版
社，2008.

［10］云杰漫步多媒体科技 CAX 设计教研室. UG NX 6.0（中文版）数控加工［M］. 北京：
清华大学出版社，2009.

［11］郑贞平，喻德. UG NX 5（中文版）三维设计与 NC 加工实例精解［M］. 北京：机械工
业出版社，2008.